高职高专工程造价专业"十三五"规划教材

GAOZHIGAOZHUAN GONGCHENGZAOJIA ZHUANYE SHISANWU GUIHUAJIAOCAI

U0747843

第2版

工程建设定额原理与实务

GONGCHENG JIANSHE DINGE YUANLI YU SHIWU

主　编　万小华　李延超　伍娇娇

副主编　付云霞　彭培勇　周怡安

主　审　李　云

中南大学出版社
www.csupress.com.cn

内容简介

本书系统地介绍了工程建设定额的基本原理和编制方法，主要内容包括：建设工程造价与工程建设定额，人工、材料、机械台班消耗定额的确定，建筑安装工程人工、材料、机械台班单价的确定，企业定额，预算定额，概算定额、概算指标和投资估算指标，以及工程费用和费用定额，建筑面积等。本书依据全国和地方最新基础定额，结合最新规范、计价办法和"营改增"方案编写而成，包含了《高等职业教育工程造价专业教学基本要求》对本门课程所需知识点、技能点，书中配有大量的例题、技能训练题，也有可供参考的技术经济资料，充分考虑了学生自学和教师教学需要，具有较强的实用性和可操作性。

本书可作为高职院校土木工程、工程造价专业及相关专业的教材，亦可作为工程造价编审人员及自学者的参考书。

本书配有多媒体教学电子课件。

图书在版编目(CIP)数据

工程建设定额原理与实务 / 万小华,李延超,伍娇娇主编.
—长沙：中南大学出版社，2014.8(2021.1 重印)
ISBN 978-7-5487-1119-3

Ⅰ.工⋯ Ⅱ.①万⋯②李⋯③伍⋯ Ⅲ.建筑工程－工程造价－高等职业教育－教材 Ⅳ.TU723.3

中国版本图书馆 CIP 数据核字(2014)第 147469 号

工程建设定额原理与实务

万小华 李延超 伍娇娇 主编

□责任编辑	周兴武	
□责任印制	周 颖	
□出版发行	中南大学出版社	
	社址：长沙市麓山南路	邮编：410083
	发行科电话：0731-88876770	传真：0731-88710482
□印 装	长沙印通印刷有限公司	
□开 本	787 mm×1092 mm 1/16 □印张 13.25 □字数 324 千字	
□版 次	2016 年 8 月第 2 版 □2021 年 1 月第 3 次印刷	
□书 号	ISBN 978-7-5487-1119-3	
□定 价	45.00 元	

出版说明 INSTRUCTIONS

遵照《国务院关于加快发展现代职业教育的决定》【国发（2014）19号】提出的"服务经济社会发展和人的全面发展，推动专业设置与产业需求对接，课程内容与职业标准对接，教学过程与生产过程对接，毕业证书与职业资格证书对接"的基本原则，为全面推进高等职业院校土建类专业教育教学改革，促进高端技术技能型人才的培养，依据国家高职高专教育土建类专业教学指导委员会工程管理类专业分指导委员会《高等职业教育工程造价专业教学基本要求》，在总结吸收国内优秀高职高专教材建设经验的基础上，我们组织编写和出版了本套基于专业技能培养的高职高专工程造价专业"十三五"规划教材。

近几年，我们率先在国内进行了省级高等职业院校学生专业技能抽查工作，试图采用技能抽查的方式规范专业教学，通过技能抽查标准构建学校教育与企业实际需求相衔接的平台，引导高职教育各相关专业的教学改革。随着此项工作的不断推进，作为课程内容载体的教材也必然要顺应教学改革的需要。本套教材以综合素质为基础，以能力为本位，强调基本技术与核心技能的培养，尽量做到理论与实践的零距离；充分体现了《关于职业院校学生专业技能抽查考试标准开发项目申报工作的通知》（湘教通〔2010〕238号）精神，工学结合，讲究科学性、创新性、应用性，力争将技能抽查"标准"和"题库"的相关内容有机地融入到教材中来。本套教材以建筑业企业的职业岗位要求为依据，参照建筑施工企业用人标准，明确职业岗位对核心能力和一般专业能力的要求，重点培养学生的技术运用能力和岗位工作能力。

本套教材的突出特点体现在：（一）将工程造价专业技能抽查标准与题库的相关内容融入教材之中；（二）将建筑业企业基层专业技术管理人员岗位（八大员）资格考试相关内容融入教材之中；（三）将国家职业技能鉴定标准的目标要求融入教材之中；（四）采用最新的国家《建设工程工程量清单计价规范》（GB 50500—2013）和省级（2014）配套的工程造价定额规范。

高职高专工程造价专业"十三五"规划教材

编 审 委 员 会

前 言 PREFACE

  工程建设程序分为决策阶段、设计阶段、交易招投标阶段、施工及验收阶段、运营阶段，各个不同阶段对应不同的造价任务、计价方法、计价依据。了解各种不同定额编制原理与方法，掌握人工、材料、机械台班消耗定额的确定方法，建筑安装工程人工、材料、机械台班单价的确定方法，具有企业定额、预算定额、概算定额、概算指标和投资估算指标、工期定额等各种不同定额的应用能力是工程造价从业人员必须具备的基本知识和技能。《工程建设定额原理与实务》介绍了人工、材料、机械台班消耗定额的确定方法，建筑安装工程人工、材料、机械台班单价的确定方法，介绍了企业定额、预算定额、概算定额、概算指标和投资估算指标、工期定额的编制与应用方法，是工程造价专业学生学习的必备教材。

  本书的特点是：(1)以国家工程管理类专业教学指导委员会编制的高等职业教育工程造价专业教学标准为依据；(2)以省级高等职业院校工程造价专业技能抽查标准与题库为依据；(3)符合高等职业学校学生认知规律；(4)为方便学生自学和教师教学，书中编入了大量的案例和技能训练题；(5)根据最新颁布执行的有关规范、定额和 2016 年国家"营改增"政策编写，紧贴社会及工程实际。在编写过程中，力求做到语言精练、通俗易懂、博采众长、理论联系实际。不仅适用于高职工程造价专业和工程管理类其他相关专业，而且是工程造价从业人员业务学习和考试的参考书。

  本书共分九章，第一、四章由湖南工程职业技术学院万小华编写，第二章由湖南城建职业技术学院伍娇娇编写，第三、六章由湖南电子科技职业技术学院彭培勇编写，第五、九章由湖南高速铁路职业技术学院付云霞编写，第七章由湖南工程职业技术学院周怡安编写，第八章由湖南城建职业技术学院李延超编写。全书由万小华统稿和修改，远大住工定额所所长李云(国家注册造价工程师)担任主审。

编 者

目 录 CONTENTS

第一章　建设工程造价与工程建设定额

【知识目标】

(1)了解建设项目参与主体与演进;

(2)掌握工程造价的概念;

(3)了解交易阶段工程造价的形成过程;

(4)掌握建设项目工程造价计价原理与方法;

(5)了解工程建设定额的概念、产生与发展;

(6)了解工程建设定额的分类和特点。

【技能目标】

(1)能正确说明建设项目的参与主体;

(2)能正确理解工程造价的概念;

(3)能正确理解工程造价与工程建设定额的关系。

【素质目标】

(1)具有良好的职业道德和诚信品质;

(2)具有较强的敬业精神和责任意识;

(3)具有较好的团队协作能力;

(4)具有较好的吃苦耐劳、实干创新精神;

(5)具有较强的学习能力。

第一节　建筑市场交易阶段的工程造价形成过程

一、建设项目参与主体的形成与演进

(一)业主加工匠共同参与阶段

最原始的建设项目组织形式是由业主自己建造的,业主几乎需要完成工程建设过程所有的工作,如建筑设计、材料采购、施工建造以至装饰装修,可以想象业主的工作量多么庞大,因而此种方式适用于最简单和最基本的生产、居住用房,目前在我国部分农村地区依然可以见到这种建设方式。随后进一步发展到业主直接雇佣工匠进行施工,而业主自己做技术人员和管理人员去完成项目设计和组织管理工作。此时业主与工匠形成雇佣关系,工匠完成自己分工的任务,从业主那里获得报酬。在这种方式下,建设项目的实施过程是工匠与业主之间以及不同的工匠之间的分工协作。

(二)业主加设计人员和施工承包商共同参与阶段

17世纪到18世纪资本主义的社会化生产大发展,使共同劳动的规模日益扩大,劳动分工和协作越来越细、越来越复杂,建筑业的分工也开始逐步细化。最先是业主从项目建设具

体任务中脱离出来，开始由工匠负责设计和施工。随后，设计与施工又发生了进一步的专业划分和分工，出现了建筑设计师和专门负责建造的施工承包商，这使得工程建设过程中出现了三个参与主体的格局，建设设计师与施工承包商都变成了各自独立向业主提供项目建设服务的参与主体。这个时期，设计和施工分离并各自形成一个独立专业，承包商需要有人帮助他们对已完成的工作进行测量和估价，以确定所得报酬。这些人在英国被称为工料测量师（qwuantity surveyor, QS）。这时的工料测量师是在建筑设计和施工完毕以后才去测量工程量和估算工程造价的。

（三）业主加设计人员和施工承包商及中介机构共同参与阶段

19 世纪初期，资本主义国家在工程建设中开始普遍实施招标承包制，由于建筑市场上买卖双方的出现，他们在买价和卖价的确定与控制上存在着各自的利益，从而需要有第三方提供中介咨询服务。特别是随着建设项目规模与复杂性的提高，业主和承包商们自己确定和控制工程造价变得非常困难，这就要求由专业人员或机构在设计之后和开工之前就进行测量和估算，根据图纸算出实物工程量并汇总成工程量清单，为招标者制定标底或为投标者做出报价。这一时期，量价分离的框架开始逐步形成，所以以第三方的身份出现并独立执业的专业工程咨询机构受到了这种服务买主的欢迎。他们分别为业主和承包商提供建设项目工程造价的确定、结算与控制等方面的服务。其中，专业中介机构是最早独立地从事建设项目工程造价管理的测量师事务所，或叫造价管理咨询公司。

与此同时，工程监理等中介机构也逐步实现了独立。最初对建设项目施工的监理工作是由业主派驻现场的监督管理人员完成的，后来演变成由业主委托建筑师对工程施工进行监理。但是建筑师从事施工监理存在角色冲突问题：对业主，他既是设计服务的提供者，又是业主利益的维护者；对施工方，他既是承担设计责任的设计者，又是有决定设计变更、施工质量与进度的业主代理人。这种角色冲突使得他不宜承担工程监理的工作，所以出现了社会化的监理中介机构，他们以独立第三方的身份从事工程监理，为业主提供项目质量、进度、投资控制等方面的服务。至此，业主、建筑设计师、施工承包商、造价工程师、监理工程师这些参与主体形成，他们在建筑市场的环境中相互之间进行各类资源和服务的交易。

（四）业主加设计、施工承包商、中介机构及专业承包商共同参与阶段

20 世纪 80 年代以来，在英美等发达国家的建筑市场上又出现了提供专业工程管理服务的中介机构，他们主要以工程管理承包或工程管理取费的方式向业主提供建设项目施工管理服务。同时，施工承包商的专业技术分工也进一步细化，大量的专业承包商（分包商）独立出来。例如，工程安装公司、工程装饰公司，甚至进一步细分出来的机械安装公司、电器安装公司、水暖安装公司等专业公司，以及如屋顶专业建筑公司、天花板悬吊公司、建筑油漆专业公司、结构装配专业公司、建筑防水公司等各种各样的单一性、专一化的承包商相继出现。进而在工程施工专业分工中又产生了总包商、分包商和专业分包商等一些新的层次和界面。

图 1-1 表示了建筑业中各参与主体的演进过程。

图 1-1 建筑业中各参与主体的演进示意

从上面的叙述中可以知道，现在的项目建设已经成了需要由多个主体合作完成的系统工程。这样就带来一个问题，这许许多多的参与主体是如何实现分工协作的，它们各自的利益是如何分配的？当然，这个问题很容易回答，我们都知道市场环境下的价格机制这只"看不见的手"可以实现资源的配置，工程项目建设过程中各种资源、服务都可以通过市场价格机制实现交易。但由于建设项目生产过程周期较长、投资耗费大等特殊性表现出工程项目价值形成的过程比较复杂，其价格的构成内容比较繁杂、核算比较困难，与普通商品的价格有着显著的区别，如普通商品是先有商品、后有交易（价格），而建设项目则是先有交易（价格），后有产品，那么工程造价的确定问题自然成为工程建设过程中的核心问题。那么工程造价是如何确定的呢？

二、工程造价与建筑产品价格、工程价格等概念的界定

(一)工程造价

工程造价的第一种含义是指建设一项工程预期开支或实际开支的全部固定资产投资费用，也就是一项工程通过建设形成相应的固定资产、无形资产所需用的一次性费用总和。这一含义是从投资者——业主的角度定义的。投资者选定一个投资项目，为了获得预期的效益，就要通过项目评估进行决策，然后进行设计招标、工程招标，直至竣工验收等一系列投资管理活动。在投资活动中所支付的全部费用形成了固定资产和无形资产，所有这些开支就构成了工程造价。从这个意义上讲，工程造价就是工程投资费用，建设项目工程造价就是建设项目固定资产投资。

工程造价的第二种含义是指工程价格，即为建成一项工程，预计或实际在土地市场、设备市场、技术劳务市场，以及承包市场等交易活动中所形成的建筑安装工程的价格和建设工程总价格。显然，工程造价的第二种含义是以社会主义市场经济为前提的，即以工程这种特

定的商品形式作为交易对象,通过招投标、承发包或其他交易方式,在进行多次性预估的基础上,最终由市场形成的价格。

由于计划经济的影响,我国长期以来只认同工程造价的第一种含义,把工程项目建设简单地理解为一种计划行为,而不是一种商品的生产和交换行为,因此造成了我国建筑市场的价格扭曲现象,即价格不能反映其价值。我们这里区分清工程造价的两种含义的原因在于为投资者和以承包商为代表的供应商在工程建设领域的市场行为提供理论依据。当政府提出降低工程造价时,是站在投资者的角度充当着市场需求主体的角色;当承包商提出要降低工程造价,提高利润时,他是要实现一个市场供给主体的管理目标。这是市场运行机制的必然,不同的利益主体不能混为一谈。

根据国家计委审定发行的《投资项目可行性研究指南》(计办投资[2002]15号)以及住房和城乡建设部与财政部联合发布的《建筑安装工程费用项目组成》(建标[2013]44号),我国现行工程造价的构成主要划分为:设备及工器具购置费用,建筑安装工程费用,工程建设其他费用,预备费,建设期贷款利息,固定资产投资方向调节税等几项(见图1-2)。

图1-2 我国现行工程造价构成

(二)建筑产品价格

所谓建筑产品,就是指建筑业经过勘察设计、建筑施工以及设备安装等一系列劳动而最终形成的,具有一定功能、可供人类使用的最终产品,它包括生产性固定资产和非生产性固定资产。在我国通常把建筑工程分为工业建筑、民用建筑(包括居住建筑、公用建筑、特殊建筑、车库、冷库等)、其他建筑、构筑物(水塔、烟囱、游泳池等)。

广义的建筑产品价格涉及生产价格和流通价格两个价格范畴。生产价格就是指建筑产品的价格,即在施工阶段承发包等交易活动中所形成的建筑安装工程的价格和建设工程总价格。建筑产品流通价格的概念在当前的市场经济中,逐渐有了较高的使用频率,这表明随着要素市场的逐步建立与完善,原先作为固定资产和生产资料的建筑物或构筑物也能够在市场上像其他一般商品一样进行流通,实现资源优化配置。

(三)工程价格

在项目建设中,工程价格可以认为是通过招投标确定的工程造价。工程价格是指投标人提出要约(进行投标),招标人承诺(发出中标通知书)所确定的合同价格。工程价格特指建设项目承发包阶段的工程造价，是工程造价的表现形式之一。在工程招标投标中，标底是招标人期望的预先确定的工程价格，投标报价是投标人提出的能够反映其水平的工程价格，投标人中标后所签订的工程合同价格是招标人和投标人最终确定的工程价格，显然工程价格只是承发包过程中才产生的。

　　狭义的建筑产品价格、工程造价的第二种含义和工程价格基本上表达的是同一种含义，即以市场经济为前提，以工程、设备、技术等特定商品作为交易对象，通过招标或其他交易方式，在各方进行反复测算的基础上，最终由市场形成的价格。工程造价三种不同的表达方式，表达了不同的历史时期人们对价格的认识倾向。

三、交易阶段的工程造价形成过程

　　市场环境下的建设项目交易过程可以用图1－3表示。从图1－3可以看到建设项目交易分为两个阶段：一个是项目价格形成阶段，另一个是合同价格执行阶段。

图1－3　市场环境下交易阶段建设项目工程造价形成与执行过程

　　在一般市场上，供给者向市场提供商品，并不选择具体的需求者；而需求者则侧重于选择商品而不是供给者。但在建设项目承发包市场上，由于采用订货生产的方式，在项目建设之前就需要确定交换关系，因此供求双方的相互选择就显得特别重要。由于供求双方各自的出发点不同，在某些方面甚至存在一定的利益矛盾，因而"一对一"交换方式成功的可能性较小，难以确立双方都能接受的交换条件。采取招投标竞争方式，就为供求双方在较大的范围内进行相互选择创造了条件，为特定建设项目投资者与建设者在最佳点上结合提供了可能。

在建设项目招投标竞争中，最明显的就是承包商之间的竞争，而这种竞争最直接、最集中的表现则是价格的竞争。通过投标机制，承包商之间根据各自所预期成本、预期收入、预期收益报价，这种相互竞争降低了工程价格，无疑有利于投资者节约投资，提高投资效益。但要注意的是，任何产品的价格与其价值（即投入在该产品生产过程中的生产资料价值和劳动者新创造的价值）都有着一定的内在联系。承包商之间的价格竞争，主要通过不同劳动消耗水平之间的竞争使工程劳动消耗处于社会必要劳动消耗水平上，这个阶段就是建设项目价格的形成阶段。

建设项目工程造价在招投标竞争中形成，一般分成标底（招标控制价）、投标报价以及合同价三个形成阶段。标底（招标控制价）是指在招标前由招标人制定的完成拟建工程的工程造价，标底（招标控制价）是项目招标所依据的基础价格，是评标、定标过程中优选中标人、判断投标价是否合理的一个重要考核尺度。因此，制定标底（招标控制价）要坚持"合理、可行"的原则，既要考虑努力降低项目投资的需要，也要满足承包商正常经营的要求。合理的标底应能够使参加投标的承包商，在按照合理工期、正常施工的条件下获得合理盈利。

确定中标人后，经过投标人与中标人对工程合同进行协商，将经协商后适当修正的中标价列入工程合同价格条款，中标价即转化为合同价格。对于一些施工周期长、建设规模大的工程，由于施工过程中诸如重大设计变更、材料价格变动等情况难以事先预料，所以合同价格还不是建设项目的最终实际价格。这类项目的最终实际工程造价，由合同价和各种费用调整后的差额组成。在工程竣工验收后，发包人按竣工结算价格向承包商支付全部工程价款，标志着建设项目价格执行完成。需要注意的是，建设项目交易的全过程只有一个交易价格。

（1）这种价格是在交易关系确定时形成的，不管交易在何时执行或需要多长时间执行，它只有这一个价格。

（2）这种价格是一种合同价格，或者说是一种价格规则，这种规则规定对未来各种条件的变化如何处理；其次，结算价款不是交易价格，而只是执行交易价格的结果。

四、建设项目工程造价计价原理与方法

所谓工程造价计价，就是指按照规定的计算程序和方法，用货币的数量表示建设项目（包括拟建、在建和已建的项目）的价值。工程造价计价的基本原理就在于项目的分解与组合。建设项目具有单件性与多样性组成的特点，每一个建设项目的建设都需要按业主的特定需要进行单独设计、单独施工，因而不能批量生产和按整个项目确定价格，只能采用特殊的计价程序和计价方法，即将整个项目进行分解，划分为可以按有关技术经济参数测算价格的基本构造要素（或称分部、分项工程），这样就很容易地计算出基本构造要素的费用。一般来说，分解层次越多，基本子项也越细，计算越精确。

任何一个建设项目（如一所学校、一个工厂）都可以分解为一个或多个单项工程（如办公楼、车间）；任何一个单项工程都由一个或多个单位工程（如建筑工程、装饰工程、安装工程）所组成，作为单位工程的各类建筑工程、装饰工程、安装工程仍然是一个比较复杂的综合实体，还需进一步分解，就建筑工程而言，又可以按照施工顺序细分为土石方工程、砖石砌筑工程、混凝土及钢筋混凝土工程、木结构工程、楼地面工程等分部工程；分解为分部工程后，虽然每一部分都包括不同的结构和装修内容，但是从工程计价的角度来看，还需要把分部工程按照不同的施工方法、不同的构造及不同的规格，加以更为细致的分解，划分为更为

简单细小的部分。经过这样逐步分解到分项工程后，就可以得到建设项目的基本构造要素了。然后再选择适当的计量单位并根据当时当地的单价，采取一定的计价方法，进行分部分项组合汇总，便能最终计算出工程总造价了。

目前我国同时存在两种工程造价计价方法，分别为定额计价法和工程量清单计价法，称为双轨制。简单来说，我国工程造价计价的主要思路也是将建设项目细分至最基本的构成单位（如分项工程）（见图 1-4），用其工程量与相应单价相乘后汇总，即为整个建设项目造价。

图 1-4 建设项目的层级划分

工程造价计价的基本原理是：

建筑安装工程造价 = $\sum$ [单位工程基本构造要素(分项工程)工程量 × 相应单价]

式中：

（1）单位工程基本构造要素即分项工程项目。定额计价时，是按工程建设定额划分的分项工程项目；清单计价时是指清单项目。

（2）工程量是指根据工程建设定额的项目划分和工程量计算规则计算分项实物工程量。工程实物量是计价的基础。

目前，工程量计算规则包括两大类：一是国家标准《建设工程工程量清单计价规范》各附录中规定的计算规则；二是各类工程建设定额规定的计算规则。

（3）相应单价是指与分项工程相对的单价。定额计价时是指定额基价，即包括人工、材料、机械台班费用；清单计价时是指综合单价，除包括人工、材料、机械台班费以外，还包括企业管理费、利润和风险因素。

（4）定额分项工程单价是定额消耗量与其相应单价的乘积。用公式表示：

定额分项工程单价 = $\sum$ (定额消耗量 × 相应单价)

式中：定额消耗量：包括人工消耗量、各种材料消耗量、各类机械台班消耗量，它的大小决定定额水平。

生产要素单价：是指某一时点上的人、材、机单价，同一时点上的人、材、机单价的高低，反映出不同的管理水平。在同一时期内，人、材、机单价越高，则表明该企业的管理技术

7

水平越低；人、材、机单价越低，则表明该企业的管理技术水平越高。

五、建设项目工程造价形成全过程

建设项目生产过程是一个周期长、资源消耗量大的生产消费过程。从建设项目可行性研究开始，到竣工验收交付生产或使用，项目是分阶段进行建设的。根据建设阶段的不同，对同一工程的造价，在不同的建设阶段，有不同的名称、内容。为了适应工程建设过程中各方经济关系的建立，适应项目决策、控制和管理的要求，需要对其进行多次性计价。

建设项目处于项目建议书阶段和可行性研究报告阶段，拟建工程的工程量还不具体，建设地点也尚未确定，工程造价不可能也没有必要做到十分准确，此阶段的造价定名为投资估算。在设计工作初期阶段，对应初步设计的是设计概算或设计总概算，当进行技术设计或扩大初步设计时，设计概算必须做调整、修正，反映该阶段的造价名称为修正设计概算；进行施工图设计后，工程对象比初步设计时更为具体、明确，工程量可根据施工图和工程量计算规则计算出来，对应施工图的工程造价名称为施工图预算。通过招投标由市场形成并经承发包方共同认可的工程造价是承包合同价，其中投资估算、设计概算、施工图预算都是预期或计划的工程造价。工程施工是一个动态系统，在建设实施阶段，有可能存在设计变更、施工条件变更和工料价格波动等影响，所以竣工时往往要对承包合同价做适当调整，局部工程竣工后的竣工结算和全部工程竣工合格后的竣工决算，是建设项目的局部和整体的实际造价。因此，建设项目工程造价是贯穿项目建设全过程的概念。

根据项目基本建设程序，将工程造价的性质总结为四部分。即：决策、设计阶段对应于工程成本规划，交易阶段对应于工程估价，施工阶段对应于合同管理，项目运营阶段对应于设施管理。工程造价的形成过程在各阶段有不同的表现形式，如图1-5所示。

图1-5 中国建设工程造价全过程计价形式

8

（一）决策阶段的投资估算

投资估算是指依据现有的资料和特定的方法，对建设项目未来发生的费用进行预测和确定的过程。投资估算的主要依据有批准的项目建议书、已完工程成本数据、投资估算指标。常用的估算方法有系数估算法、比例估算法、生产能力指数、指标估算法、投资分类估算法。

（二）设计阶段的设计概算和施工预算

1. 设计概算

设计概算是由设计单位根据设计图纸、说明和造价管理部门颁发的计价依据等资料，编制的建设项目从筹建到竣工交付使用所需全部费用的文件。经审核批准后的设计概算既是编制建设项目投资计划、确定和控制建设项目投资的依据，又是签订建设工程合同和货款合同的重要性依据，也是建设项目投资的最高限额。可以说，设计概算是整个工程建设造价控制过程中非常重要的环节。设计概算的主要依据有已完类似工程数据、工程建设定额资料、工程造价信息。

2. 施工图预算

施工图预算是由设计单位在施工图设计完成后，根据施工设计图纸、现行预算定额、费用定额以及地区设备、材料、人工、施工机械台班等预算价格编制和确定的建筑安装工程造价的文件，它是招投标的重要基础，同时也是工程量清单编制和标底编制的依据。施工图预算的编制可以采用工料单价法和综合单价法。施工图预算的编制依据有材料及设备价格、设计图纸、工程建设定额资料、工程造价信息。

（三）交易阶段的工程估价

交易阶段的工程估价，即发包人编制标底（招标控制价）、承包人编制投标报价的过程。按定额计价法和工程量清单计价法，其主要依据有预算定额、工程量清单计价规范等。

（四）施工阶段的工程价款结算、支付与调整

在施工阶段，发包人需按工程合同规定的方式向承包人支付工程款以作为其劳动报酬。工程价款结算包括工程预付款、工程进度款、质量保证金、工程竣工结算以及合同价格的调整。施工阶段的工程价款结算、支付与调整的依据有工程量清单、施工合同、《合同法》相关条款、现场签证。

第二节　工程建设定额

一、工程建设定额的概念与作用

（一）定额的概念

"定"就是规定，"额"就是额度，即规定在生产中各种社会必要劳动的消耗量（包括活劳动和物化劳动）的标准尺度。生产任何一种合格产品都必须消耗一定数量的人工、材料、机械台班，而生产同一产品所消耗的劳动量常随着生产因素和生产条件的变化而不同。一般来说，在生产同一产品时，所消耗的劳动量越大，则产品的成本越高，企业盈利就会降低，对社会贡献就会降低；反之，所消耗的劳动量越小，则产品的成本越低，企业盈利就会增加，对社会贡献就会增加。但这时消耗的劳动量不可能无限地降低或增加，它在一定的生产因素和生产条件下，在相同的质量与安全要求下，必有一个合理的数额。作为衡量标准，这种数额标准还受到不同社会的制约。

在数值上，定额表现为生产成果与生产消耗之间一系列对应的比值常数，用公式表示则是：

$$T_Z = \frac{Z_{1, 2, 3, \cdots, n}}{H_{01, 2, 3, \cdots, m}}$$

式中：T_Z——产量定额；

H_0——单位劳动消耗量(如每一工日、每一机械台班等)；

Z——与单位劳动消耗相对应的产量。

或：

$$T_h = \frac{H_{1, 2, 3, \cdots, n}}{Z_{01, 2, 3, \cdots, m}}$$

式中：T_h——时间定额；

Z_0——单位产品数量(如每 1 m^3 混凝土、每 1 m^2 抹灰、每 1 t 钢筋等)；

H——与单位产品相对应的劳动消耗量。

产量定额与时间定额是定额的两种表现形式，在数值上互为倒数，即：

$$T_Z = \frac{1}{T_h} \quad 或 \quad T_h = \frac{1}{T_Z}$$

即：

$$T_Z \times T_h = 1$$

定额的数值表明生产单位新产品所需的消耗越小，则单位消耗获得的生产成果越大；反之，生产单位新产品所需的消耗越大，则单位消耗获得的生产成果越小。它反映了经济效果的提高或降低。

工程建设定额是指在正常的施工条件下和合理的劳动组织、合理使用材料及机械的条件下，完成单位合格建设产品所必需的人工、材料、机械台班的数量标准。它反映了在一定的社会生产力水平条件下的建设产品生产与生产消耗的数量关系。

在工程建设定额中，产品是一个广义的概念，它可以指工程建设的最终产品——建设项目，也可以是独立发挥功能和作用的某些完整产品——单项工程，也可以是完整产品中能单独组织施工的部分——单位工程，还可以是单位工程中的基本组成部分——分部工程或分项工程。工程建设定额中产品概念的范围之所以广泛，是因为工程建设产品具有构造复杂、产品形体庞大、种类繁多、生产周期长等技术特点。

(二)定额水平

定额水平是指完成单位产品所需的人工、材料、机械台班消耗标准的高低程度，是在一定施工组织条件和生产技术条件下规定的施工生产中活劳动和物化劳动的消耗水平。

定额水平的高低，反映了一定时期社会生产力水平的高低，与操作人员的技术水平、机械化程度、新材料、新工艺、新技术的发展与应用有关，与企业的管理水平和社会成员的劳动积极性有关。所谓定额水平高，是指单位总产量提高，活劳动和物化劳动的消耗降低，反映为单位新产品造价低；反之，定额水平低是指单位产量降低，消耗提高，反映为单位新产品造价高。

产品的价值量取决于消耗于产品中的必要劳动消耗量，定额作为单位产品经济的基础，必须反映价值规律的客观要求。它的水平根据社会必要劳动时间来确定。所谓社会必要劳动时间，是指在现有的社会正常生产条件下，在社会的平均劳动熟练程度和劳动强度下，完成产品所需的劳动量。社会正常生产条件是指大多数施工企业所能达到的生产条件。

（三）定额的起源

定额产生于19世纪末资本主义企业管理科学的发展初期。当时，高速度的工业发展与低水平的劳动生产率产生了矛盾，虽然科学技术发展很快，机器设备先进，但在管理上仍然沿用传统的经验、方法，生产效率低，生产能力得不到充分发挥，阻碍了社会经济的进一步发展和繁荣，而且也不利于资本家赚取更多的利润。改善管理成了生产发展的迫切要求。在这种背景下，著名的美国工程师泰勒（F. W. Taylor，1856—1915）制定了工时定额，以提高工人的劳动效率。他为了减少工时消耗，研究改进生产工具与设备，并提出一整套科学管理的方法，这就是著名的"泰勒制"。

泰勒提倡科学管理，主要着眼于提高劳动生产率，提高工人劳动效率。他突破了当时传统管理科学方法的羁绊，通过科学试验，对工作时间的利用进行细致的研究，制定了标准的操作方法；通过对工人进行训练，要求工人改变原来习惯的操作方法，取消不必要的操作程序，并且在此基础上制定出较高的工时定额，用工时定额评价工人工作的好坏；为了使工人能达到定额，又制定了工具、机器、材料和作业环境的"标准化原理"；为了鼓励工人努力完成定额，还制定了一种有差别的计件工资制。如果工人能完成定额，就采用较高的工资率；如果工人完不成定额，则采用较低的工资率，以刺激工人多拿60%或者更多的工资去努力工作，去适应标准化操作方法的要求。

"泰勒制"是资本家榨取工人剩余价值的工具，但它又以科学方法来研究分析工人劳动中的操作和动作，从而制定最节约的工作时间——工时定额。"泰勒制"给资本主义企业管理带来了根本性变革，对提高劳动效率做出了显著的科学贡献。

在我国古代工程中，也是很重视工料消耗计算的，并形成了许多案例，如果说人们长期生产中积累的丰富经验是定额产生的土壤，这些案例可看作是工料定额的原始形态。我国北宋著名的土木建筑家李诫编修的《营造法式》，刊行于公元1103年，它是土木建筑工程技术的巨著，也是工料计算方面的巨著。《营造法式》共有三十四卷，分为释名、制度、功能、料例和图样五个部分。其中，第十六卷至第二十五卷是各工种计算用工量的规定，第二十六卷至第二十八卷是各工种计算用料的规定。这些关于算工算料的规定，可以看作是古代的工料定额。清工部《工程做法则例》中，也有许多内容是说明工料计算方法的，甚至可以说它主要是一部算工算料的书，直至今天，《仿古建筑及园林工程预算定额》仍将这些则例等技术文献作为编制依据之一。

（四）工程建设定额在我国社会主义市场经济条件下的作用

工程建设定额是固定资产再生产过程中的生产消耗定额，反映为工程建设中消耗在单位产品上的人工、材料、机械台班的规定额度。这种量的规定，反映了在一定社会生产力发展水平和正常生产条件下，完成建设工程中某项产品与各种生产消费之间的特定的数量关系。

定额既不是"计划经济的产物"，也不是中国的特产和专利，定额与市场经济的共融性是与生俱来的。我们可以这么说，工程建设定额在不同社会制度的国家都需要，都将永远存在，并将在社会和经济发展中，不断地发展和完善，使之更适应生产力发展的需要，进一步推动社会和经济进步，定额管理的双重性决定了它在市场经济中具有重要的地位和作用。

1. 定额对提高劳动生产率起保证作用

我国处于社会主义初级阶段，初级阶段的根本任务是发展社会生产力。而发展社会生产力的任务就是要提高劳动生产率。在工程建设中，定额通过对工时消耗的研究、机械设备的选择、劳动组织的优化、材料合理节约使用等方面的分析和研究，使各生产要素得到最合理的配合，最大限度地节约劳动力和减少材料的消耗，不断地挖掘潜力，从而提高劳动生产率和降低成本。通过工程建设定额的使用，把提高劳动生产率的任务落实到各项工作和每个劳动者，使每个工人都能明确各自目标、加快工作进度、更合理有效地利用和节约社会劳动。

2. 定额是国家对工程建设进行宏观调控和管理的手段

市场经济并不排斥宏观调控，利用定额对工程建设进行宏观调控和管理主要表现在三个方面：①对工程造价进行宏观管理的调控；②对资源进行合理配置；③对经济结构进行合理的调控。包括对企业结构、技术结构和产品结构进行合理调控。

3. 定额有利于市场公平竞争

在市场经济规律作用下的商品交易中，特别强调等价交换的原则。所谓等价交换，就是要求商品按价值量进行交换，建筑产品的价值量是由社会必要劳动时间决定的，而定额消耗量标准是建筑产品形成市场公平竞争、等价交换的基础。

4. 定额有利于规范市场行为

建筑产品的生产过程是以消耗大量的生产资料和生活资料等物质资源为基础的。由于工程建设定额制定出以资源消耗量的合理配置为基础的定额消耗量标准，这样一方面制约了建筑产品的价格，另一方面企业的投标报价中必须要充分考虑定额的要求。可见定额在上述两方面规范了市场主体的经济行为，所以定额对完善我国建筑招投标市场起到了十分重要的作用。

5. 定额有利于完善市场的信息系统

信息是建筑市场体系中不可缺少的要素，信息的可靠性、完备性和灵活性是市场成熟和市场效率的标志。在建筑产品的交易过程中，定额能为市场需求主体和供给主体提供较准确的信息，并能反映出不同时期生产力水平与市场实际的适应程度。所以说，由定额形成建立与完善建筑市场信息系统，是我国社会主义市场经济体制的一大特色。

二、工程建设定额的分类和特点

（一）工程建设定额的分类

1. 按生产要素分类

工程建设定额可分为劳动消耗定额、材料消耗定额和机械台班消耗定额三种。

（1）劳动消耗定额

劳动消耗定额简称劳动定额（也称为人工定额），是指完成一定数量的合格产品（工程实体或劳务）规定活劳动消耗的数量标准。为了便于综合和核算，劳动定额大多采用工作时间消耗量来计算劳动消耗的数量。

（2）材料消耗定额

材料消耗定额简称材料定额，是指完成一定数量的合格产品（工程实体或劳务）所需消耗材料的数量标准。

材料是指工程建设中使用的原材料、成品、半成品、构配件、燃料及水、电等动力资源的统称。材料作为劳动对象构成工程的实体，需用数量很大，种类很多。因此，材料消耗量的多少，消耗是否合理，不仅关系到资源的有效利用，影响市场供求状况，而且对建设工程的项目投资和建筑产品的成本控制都起到决定性的影响。

（3）机械消耗定额

机械消耗定额是以一台机械一个工作班为计量单位，故又称为机械台班定额。机械消耗定额是指为完成一定数量的合格产品（工程实体或劳务）所规定的施工机械消耗的数量标准。

以上三种定额是制定其他各种定额的基础，故又称为基础定额。

2. 按定额编制程序和用途分类

工程建设定额可分为施工定额、预算定额、概算定额、概算指标及投资估算指标五种。

（1）施工定额

施工定额是以同一性质的施工过程——工序，作为研究对象，表示生产产品数量与生产要素消耗综合关系编制的定额。施工定额是施工企业（建筑安装企业）组织生产和加强管理在企业内部使用的一种定额，属于企业定额的性质。为了适应组织生产和管理的需要，施工定额的项目划分很细，是工程建设定额中分项最细、定额子目最多的一种定额，也是工程建设定额中的基础定额。

施工定额主要用于工程的直接施工管理，以及作为编制工程施工设计、施工预算、施工作业计划、签发施工任务单、限额领料卡及结算计件工资或计量奖励工资的依据，它同时是编制预算定额的基础。

（2）预算定额

预算定额是以分项工程和结构构件为对象编制的定额，是一种计价性定额。从编制程序上看，预算定额是以施工定额为基础综合扩大编制的，同时也是编制概算定额的基础。

预算定额是在编制施工图预算阶段，计算工程造价和计算工程中的劳动、材料和机械台班需要量时使用，它是调整工程预算和工程造价的重要基础，也可以作为编制施工组织设计、施工技术财务计划的参考。

（3）概算定额

概算定额是以扩大分项工程或扩大结构构件为对象编制的，计算和确定劳动、材料及机械台班消耗量所使用的定额，是一种计价性定额。

概算定额是编制扩大初步设计概算、确定建设项目投资额的依据。概算定额的项目划分粗细，与扩大初步设计的深度相适应，一般是在预算定额的基础上综合扩大而成的，每一综合分项概算定额都包括了数项预算定额。

（4）概算指标

概算指标是概算定额的扩大和合并，它是以整个建筑物和构筑物为对象，以更为扩大的计量为单位编制的，是一种计价性定额。

概算指标一般是在概算定额和预算定额的基础上编制的，比概算定额更加综合扩大，它是设计单位编制工程概算或建设单位编制年度任务计划、施工准备期间编制材料和机械设备供应计划的依据，也可供国家编制年度建设计划参考。

（5）投资估算指标

投资估算指标是项目建议书和可行性研究阶段编制投资估算、计算投资需要量时使用的一种定额。它非常概略,往往以独立的单项工程或完整的工程项目为设计对象,编制内容是所有项目费用之和。它的概略程度与可行性研究阶段相适应。投资估算指标往往根据历史的预、决算资料和价格变动等资料编制,但其编制基础仍然离不开预算定额和概算定额。

3.按编制单位和执行范围分类

(1)全国统一定额

它是由国家建设行政主管部门综合我国工程建设中技术和施工组织条件的情况编制的,在全国范围内执行的定额。如全国统一的劳动定额、全国统一的建筑工程基础定额等。

(2)行业统一定额

它是由各行业行政主管部门充分考虑本行业专业特点、施工生产和管理水平而编制的,一般只在本行业和相同专业性质的范围内使用的定额,这种定额往往是为专业性较强的工业建筑安装工程制定的。例如,铁路建筑工程定额、水利建筑工程定额、矿井建设工程定额等。

(3)地区统一定额

它是由各省、市、自治区在考虑地区特点和统一定额水平的条件下编制的,只在规定的地区范围内使用的定额。例如,一般地区适用的建筑工程预算定额、概算定额、园林定额等。

(4)企业定额

它是由施工企业根据本企业具体情况,参照国家、部门和地区定额编制方法制定的定额。企业定额只在本企业内部执行,是衡量企业生产力水平的一个标志。企业定额水平一般应高于国家现行定额,才能满足生产技术发展、企业管理和市场竞争的需要。

(5)补充定额

它是指随着设计、施工技术的发展,在现行定额不能满足需要的情况下,为补充现行定额中漏项或缺项而制定的。补充定额是只能在指定的范围内使用的指标。

4.按照专业分类

工程建设定额可分为建筑工程定额、装饰工程定额、安装工程定额、仿古建筑及园林工程定额、公路工程定额、铁路工程定额、水利工程定额等。

5.按照投资费用分类

按照投资费用分类,工程建设定额可分为直接工程费定额、措施费定额、利润和税金定额、间接费定额、设备及工器具定额、工程建设其他费定额。

(二)工程建设定额的特点

1.科学性

定额的科学性,首先表现在用科学的态度制定定额,尊重客观实际,定额水平合理;其次表现在制定定额的技术方法上,利用现代科学管理的成就,形成一套系统的、完整的、在工程实践中行之有效的方法;第三表现在定额制定和贯彻一体化。制定是为了提供贯彻的依据,贯彻是为了实现管理的目标,也是对定额的信息反馈。

2.系统性

定额的系统性是由各种内容结合而成的有机整体,有鲜明的层次和明确的目标。定额的系统性是由工程建设的特点决定的。工程建设本身的多种类、多层次就决定了它的服务工程建设的定额的多种类、多层次。

3. 统一性

工程建设定额的统一性，主要由国家对经济发展的有计划的宏观调控职能决定的。工程建设定额的统一性按照其影响力和执行范围来看，有全国统一定额、行业统一定额、地区统一定额等；按照定额的制定、颁布和贯彻使用来看，有统一的程序、统一的原则、统一的要求和统一的用途。

4. 指导性

工程建设定额是由国家或其授权机关组织编制和颁发的一种综合消耗指标，它是根据客观规律的要求，用科学的方法编制而成的，因此在企业定额尚未普及的今天，工程造价的确定和控制仍是十分重要的指导性依据。另一方面，企业编制企业定额时，它也是重要的参考依据，同时政府投资工程的造价确定与控制仍离不开定额。

应当指出，在社会主义市场经济不断深化的今天，对定额的权威性标准应逐步弱化，因为定额毕竟是主观对客观的反映，定额的科学性会受到人们的知识的局限，随着多元化投资格局的逐渐形成，业主可自主地调整自己的决策行为，定额的指导性会逐渐加强。

5. 相对稳定和时效性

工程建设定额中的任何一种都是一定时期技术发展和管理水平的反映，因而在一段时期内都表现出稳定的状态。稳定的时间有长有短，一般为5~10年。社会生产力的发展有一个由量变到质变的变动周期，当生产力向前发展了，原有定额已不能适应生产需要时，就要根据新的情况对定额进行修订、补充或重新编制。

随着社会主义市场经济不断深化，定额的某些特点也会随着建筑体制的改革发展而变化，如强制性成分会逐渐减少，指导性、参考性会更加突出。

[思考练习题]

一、单选题

1. ( )是以扩大分项工程或扩大结构构件为对象编制的，计算和确定劳动、材料及机械台班消耗量所使用的定额，是一种计价性定额。

A. 概算定额　　　　B. 预算定额　　　　C. 投资估算指标　　D. 概算指标

2. 工程造价的第一种含义是指建设一项工程预期开支或实际开支的全部固定资产投资费用，也就是一项工程通过建设形成相应的固定资产、无形资产所需用的一次性费用总和。这一含义是从( )的角度定义的。

A. 施工单位　　　B. 投资者——业主　C. 监理单位　　　　D. 设计单位

3. 广义的建筑产品价格涉及生产价格和( )两个价格范畴。

A. 流通价格　　　B. 使用价值　　　C. 价值　　　　　　D. 使用价格

4. ( )是指投标人提出要约(进行投标)，招标人承诺(发出中标通知书)所确定的合同价格。

A. 流通价格　　　B. 使用价值　　　C. 工程价格　　　　D. 使用价格

5. ( )是指根据工程建设定额的项目划分和工程量计算规则计算分项实物工程量。工程实物量是计价的基础。

A. 流通价格　　　　　B. 使用价值　　　　　C. 工程量　　　　　D. 工程价格

6.（　　）是指完成单位产品所需的人工、材料、机械台班消耗标准的高低程度，是在一定施工组织条件和生产技术条件下规定的施工生产中活劳动和物化劳动的消耗水平。

A. 定额水平　　　　　B. 定额　　　　　C. 工程建设定额　　　　　D. 工程造价

7. 建筑产品的生产过程是以消耗大量的生产资料和生活资料等物质资源为基础的。由于工程建设定额制定出以资源消耗量的合理配置为基础的定额消耗量标准，这样一方面制约了建筑产品的价格，另一方面企业的投标报价中必须要充分考虑定额的要求。这说明定额具有以下（　　）作用？

A. 有利于市场公平竞争　　　　　　　B. 有利于规范市场行为

C. 对提高劳动生产率起保证作用　　　D. 有利于完善市场的信息系统

8.（　　）也称为人工定额，是指完成一定数量的合格产品（工程实体或劳务）规定活劳动消耗的数量标准。

A. 劳动消耗定额　　　　　　　　　　B. 材料消耗定额

C. 机械台班消耗定额　　　　　　　　D. 时间定额

9.（　　）是由施工企业根据本企业具体情况，参照国家、部门和地区定额编制方法制定的定额。只在本企业内部执行，是衡量企业生产力水平的一个标志。

A. 预算定额　　　　　B. 企业定额　　　　　C. 投资估算指标　　　　　D. 概算指标

10.（　　）是指为完成一定数量的合格产品（工程实体或劳务）所规定的施工机械消耗的数量标准。

A. 劳动消耗定额　　　　　　　　　　B. 材料消耗定额

C. 机械台班消耗定额　　　　　　　　D. 时间定额

二、多选题

1. 以下属于定额的特点的是（　　　　　　）。

A. 科学性　　　　　B. 系统性　　　　　C. 指导性　　　　　D. 公开性

2. 工程建设定额按生产要素分类可分为（　　　　　　）。

A. 劳动消耗定额　　　　　　　　　　B. 材料消耗定额

C. 机械台班消耗定额　　　　　　　　D. 时间定额

3. 以下属于工程建设的某一阶段的是（　　　　　　）。

A. 决策阶段　　　　　B. 交易阶段　　　　　C. 施工阶段　　　　　D. 报废阶段

4. 以下属于现阶段工程建设的参与方的是（　　　　　　）。

A. 投资方　　　　　B. 勘察设计方　　　　　C. 施工方　　　　　D. 政府质量监督部门

5. 以下属于投资估算的主要依据的是（　　　　　　）。

A. 批准的项目建议书　　　　　　　　B. 已完工程成本数据

C. 投资估算指标　　　　　　　　　　D. 设计图纸

[技能训练题]

1.将学生分为 N 个组,分别代表建设方、设计方、勘察方、施工方、监理方,采用角色扮演法,分别说明自己作为工程建设的参与方在工程建设中作用和应完成的任务。

2.请将下列几组概念中有关联的概念用直线连接起来:

施工图预算	投资估算指标	初步设计阶段
投资估算	概算定额	施工阶段
施工预算	预算定额	可行性研究阶段
设计概算	施工定额	施工图设计阶段

3.以下为建设项目的分解图,请在括号中填入相应的名称。

某综合性大学	实训大楼	电气照明工程	土石方工程	砌砖基础
	教学楼	装饰工程	砌筑工程	砌砖墙
	办公楼	建筑工程	混凝土工程	砌砖柱
	宿舍楼	水暖通风工程	防水工程	零星砌体
	……	……	……	……
( )	( )	( )	( )	( )

第二章 人工、材料、机械台班消耗定额的确定

【知识目标】

(1)了解施工过程的概念、分类、影响因素，掌握工人工作时间消耗的分类；

(2)了解计时观察法的含义、用途、特点、准备工作，掌握主要测时方法；

(3)熟练掌握人工消耗定额的确定；

(4)熟练掌握材料消耗定额的确定；

(5)熟练掌握机械台班消耗定额的确定。

【技能目标】

(1)具有人工、材料、机械台班消耗定额的确定能力；

(2)具有人工、材料、机械台班消耗定额的应用能力。

【素质目标】

(1)具有良好的职业道德和诚信品质；

(2)具有较强的敬业精神和责任意识；

(3)具有较好的团队协作能力；

(4)具有较好的吃苦耐劳、实干创新精神。

第一节 建筑工程施工作业研究

一、施工过程的概念

施工过程就是在建设工地范围内所进行的生产过程。其最终目的是要建造、恢复、改建、移动或拆除工业、民用建筑物和构筑物的全部或一部分。

每个施工过程的结束，获得了一定的产品，这种产品或者是改变了劳动对象的外表形态、内部结构或性质(由于制作和加工的结果)，或者是改变了劳动对象在空间的位置(由于运输和安装的结果)。

每一个施工过程的完成，必须具备以下条件：

(1)具有完成施工过程的劳动者(不同工种、不同技术等级的工人)、劳动对象(建筑材料、半成品、成品、构配件等)和劳动工具(手动工具、小型机具和机械等)，也就是说，施工过程是由不同工种、不同技术等级的建造安装工人完成的，并且必须有一定的劳动对象——建造材料、半成品、构配件等，使用一定的劳动工具——手动工具、小型机具和机械等。

(2)具有完成施工过程的工作地点，即施工过程所在地点、活动空间。

(3)具有准备完成施工过程的条件，即施工现场范围内的"三通一平"，材料、工器具的存放等空间位置布置。

(4)具有完成施工过程的组织工作，即施工过程的指挥、协调及管理，工作地点的选择等。

二、施工过程的分类

研究施工过程，首先是对施工过程进行分类。对施工过程进行分类的目的是通过对施工过程的组成部分进行分解，并按不同的完成方法、劳动分工、组织复杂程度、施工工艺性质来区分和认识施工过程的性质和包含的全部内容。施工过程的分类见图 2 - 1。

图 2 - 1　施工过程分类

（1）按施工过程的完成方法不同分类，见图 2 - 2。

图 2 - 2　按施工过程的完成方法不同分类

（2）按施工过程劳动分工的特点不同分类，见图 2 - 3。

图 2 - 3　按施工过程劳动分工的特点不同分类

（3）根据施工过程组织上的复杂程度，可以分解为工序、工作过程和综合工作过程。

1）工序是在组织上不可分割的，在操作过程中技术上属于同类的施工过程。工序的特征是：工作者不变，劳动对象、劳动工具和工作地点也不变。在工作中如有一项改变，那就说明已经由一项工序转入另一项工序了。如钢筋制作，它由平直钢筋、钢筋除锈、切断钢筋、

19

弯曲钢筋等工序组成。

从施工的技术操作和组织观点看，工序是工艺方面最简单的施工过程。但是如果从劳动过程的观点看，工序又可以分解为更小的组成部分——操作和动作。例如，弯曲钢筋的工序可以分为下列操作：把钢筋放在工作台上，将旋钮旋紧，弯曲钢筋，放松旋钮，将弯曲好的钢筋搁在一边。操作本身又包括了最小的组成部分——动作。如"把钢筋放在工作台上"这个操作，可以分解为以下"动作"：走向钢筋堆放处，拿起钢筋，返回工作台，将钢筋移动到支座前面。而动作又是由许多动素组成的。动素是人体动作的分解。每一个操作和动作都是完成施工工序的一部分。施工过程、工序、操作、动作的关系如图2-4所示。

图2-4 施工过程的组成

在编制施工定额时，工序是基本的施工过程，是主要的研究对象。测定定额时只需要分解和标定到工序为止。如果进行某项先进技术或新技术的工时研究，就要分解到操作甚至动作为止，从中研究哪些地方能改进操作或节约工时。

工序可以由一个人来完成，也可以由小组或施工队内的几名工人协同完成；可以手动完成，也可以由机械操作完成。在机械化的施工工序中，还可以包括由工人自己完成的各项操作和由机器完成的工作两部分。

2）工作过程是由同一工人或同一小组所完成的在技术操作上相互有机联系的工序的总合体。其特点是人员编制不变，工作地点不变，而材料和工具则可以变换。例如，砌墙和勾缝，抹灰和粉刷。

3）综合工作过程是同时进行的，在组织上有机地联系在一起的，并且最终能够获得一种产品的施工过程的总和。例如，砌砖墙这一综合工作过程，由调制砂浆、运砂浆、运砖、砌墙等工作过程构成，它们在不同的空间同时进行，在组织上有直接联系，并最终形成的共同产品是一定数量的砖墙。

（4）按照施工工艺性质不同，施工过程可以分为循环施工过程和非循环施工过程两类。凡各个组成部分按照一定顺序一次循环进行，并且每经过一次重复都可以产生出同一种产品的施工过程，称为循环施工过程；反之，若施工过程的工序或其组成部分不是以同样的次序重复，或者生产出来的产品各不相同，这种施工过程则称为非循环的施工过程。

综上所述，研究施工过程及其分类，其目的是：通过对施工过程的性质和内容的研究，以便于在测定和制定定额时采用不同的技术测定方法；通过对施工过程的分析，进一步掌握其各组成部分中必须的工作时间，研究各项工作、操作及动作的组成是否合理，能否简化和改进，为实现动作优化，制定标准的操作方法，取得必要的资料、数据，为在科学分类的基础上制定定额创造条件。

三、影响施工过程的主要因素

施工过程中各个工序工时的消耗数值，即使在同一工地、同一工作环境条件下，也常常会由于施工组织、劳动组织、施工方法和工人劳动素质、情绪、技术水平的不同而有很大的差别。对单位建筑产品工时消耗产生影响的各种因素，称为施工过程的影响因素。对施工过程影响因素进行分析，便于在测定和整理定额数据时更合理地确定单位产品的劳动消耗量。

根据施工过程影响因素的产生和特点，施工过程的影响因素可分为技术因素、组织因素和自然因素三类。

1. 技术因素

它主要包括：

(1)产品类别和质量要求。

(2)所用材料、半成品、构配件的类别、规格、性能。

(3)所用工具和机械设备类别、型号、性能及完好情况。

例如，砖墙砌筑施工过程的技术因素包括墙的垂直度、砂浆饱满度、砂浆厚度，门窗洞口的尺寸，原材料的种类、规格、质量，砌墙的种类等。

2. 组织因素

它主要包括：

(1)施工组织、施工工艺要求及施工方法。

(2)合理的劳动组织。

(3)工人技术水平、操作熟练程度、劳动态度、劳动纪律，工人自身身体状况、智力状况。

(4)定额考核制度、劳动报酬、工资奖励分配形式。

(5)原材料和构配件的质量与供应组织。

3. 自然因素

它主要包括：气候条件、地址情况、劳动强度、粉尘、有害气体及人为障碍等。

研究施工过程中各种不同因素对时间消耗的影响，是定额工作的基本任务之一。因为一项活动延续时间的长短，取决于施工过程的结构以及影响施工过程各组成部门时间消耗的因素。只有详细了解这些因素，才能发现与消除不利因素，进一步考核各因素之间的有利结合，减少完成施工活动的时间消耗量。

四、工作时间消耗的分类

研究施工中的工作时间，最主要的目的是确定施工的时间定额和产量定额，其前提是对工作时间按其消耗性质进行分类，以便研究工时消耗的数量及其特点。

工作时间，指的是工作班延续时间。例如8小时工作制的工作时间就是8小时，午休时间不包括在内。对工作时间消耗的研究，可以分为两个系统进行，即工人工作时间的消耗和工人所使用的机械工作时间消耗。

（一）工人工作时间消耗的分类

工人在工作班内消耗的工作时间，按其消耗的性质，基本可以分为两大类：必须消耗的时间(定额时间)和损失时间(非定额时间)。工人工作时间的分类一般如图2-5所示。

(1)必须消耗的工作时间是工人在正常施工条件下，为完成一定合格产品(工作任务)所

图 2-5　工人工作时间分类

消耗掉的时间，是制定定额的主要依据，包括有效工作时间、休息时间和不可避免的中断时间的消耗。

1）有效工作时间是从生产效果来看与产品生产直接有关的时间消耗。其中，包括基本工作时间、辅助工作时间、准备与结束工作时间的消耗。

①基本工作时间是工人完成能生产一定产品的施工工艺过程所消耗的时间。通过这些工艺过程可以使材料改变外形，如钢筋撅弯等；可以改变材料的结构与性质，如混凝土制品的养护干燥等；可以使预制构配件安装组合成型；也可以改变产品外部及表面的性质，如粉刷、油漆等。基本工作时间所包括的内容依工作性质各不相同。基本工作时间的长短和工作量大小成正比。

②辅助工作时间是为保证基本工作能顺利完成所消耗的时间。在辅助工作时间里，不能使产品的形状大小、性质或位置发生变化。辅助工作时间的结束，往往就是基本工作时间的开始。辅助工作一般是手工操作。但如果在机手并动的情况下，辅助工作是在机械运转过程中进行的，为避免重复则不应再计算辅助工作时间的消耗。辅助工作时间的长短与工作量大小有关。

③准备与结束工作时间是执行任务前或任务完成后所消耗的工作时间。如工作地点、劳动工具和劳动对象的准备工作时间，工作结束后的整理工作时间等。准备与结束工作时间的长短与所担负的工作量大小无关，但往往和工作内容有关。这项时间消耗可以分为班内的准备与结束工作时间和任务的准备与结束工作时间。其中，任务的准备和结束时间是在一批任务的开始与结束时产生的，如熟悉图纸、准备相应的工具、事后清理场地等，通常不反映在每一个工作班里。

2）休息时间是工人在工作过程中为恢复体力所必需的短暂休息和生理需要的时间消耗。这种时间是为了保证工人精力充沛地进行工作，所以在定额时间中必须进行计算。休息时间的长短和劳动条件、劳动强度有关，劳动越繁重紧张、劳动条件越差（如高温），则休息时间需越长。

3）不可避免的中断所消耗的时间是由于施工工艺特点引起的工作中断所必需的时间。与施工过程工艺特点有关的工作中断时间，应包括在定额时间内，但应尽量缩短此项时间消耗。

（2）损失时间是与产品生产无关，而与施工组织和技术上的缺点有关，与工人在施工过程中的个人过失或某些偶然因素有关的时间消耗，损失时间中包括有多余和偶然工作、停工、违背劳动纪律所引起的工时损失。

1）多余工作，就是工人进行了任务以外而又不能增加产品数量的工作。如重砌质量不合格的墙体。多余工作的工时损失，一般都是由于工程技术人员和工人的差错而引起的，因此，不应计入定额时间中。偶然工作也是工人在任务外进行的工作，但能够获得一定产品。如抹灰工不得不补上偶然遗留的墙洞等。由于偶然工作能获得一定产品，拟定定额时要适当考虑它的影响。

2）停工时间，是工作班内停止工作造成的工时损失。停工时间按其性质可分为施工本身造成的停工时间和非施工本身造成的停工时间两种。施工本身造成的停工时间，是由于施工组织不善、材料供应不及时、工作面准备工作做得不好、工作地点组织不良等情况引起的停工时间。非施工本身造成的停工时间，是由于水源、电源中断引起的停工时间。前一种情况在拟定定额时不应该计算，后一种情况定额中则应给予合理的考虑。

3）违背劳动纪律造成的工作时间损失，是指工人在工作班开始和午休后的迟到、午饭前和工作班结束前的早退、擅自离开工作岗位、工作时间内聊天或办私事等造成的工时损失。由于个别工人违背劳动纪律而影响其他工人无法工作的时间损失，也包括在内。

（二）机械工作时间消耗的分类

在机械化施工过程中，对工作时间消耗的分析和研究，除了要对工人工作时间的消耗进行分类研究之外，还需要分类研究机械工作时间的消耗。

机械工作时间的消耗，按其性质也分为必须消耗的时间和损失时间两大类。如图2-6所示。

图2-6　机械工作时间分类图

（1）在必须消耗的工作时间里，包括有效工作、不可避免的无负荷工作和不可避免的中断三项时间消耗。而在有效工作的时间消耗中又包括正常负荷下、有根据地降低负荷下的工时消耗。

1）正常负荷下的工作时间，是机械在以机械说明书规定的额定负荷相符的情况下进行工作的时间。

2）有根据地降低负荷下的工作时间，是在个别情况下由于技术上的原因，机械在低于其计算负荷下工作的时间。例如，汽车运输重量轻而体积大的货物时，不能充分利用汽车的载重吨位因而不得不降低其计算负荷。

3）不可避免的无负荷工作时间，是由施工过程的特点和机械结构的特点造成的机械无负荷工作时间。例如，筑路机在工作区末端调头等，就属于此项工作时间的消耗。

4）不可避免的中断工作时间是与工艺过程的特点、机械的使用和保养、工人休息有关的中断时间。

①与工艺过程的特点有关的不可避免的中断工作时间，有循环的和定期的两种。循环的不可避免中断，是指在机械工作的每一个循环中重复一次。如汽车装货和卸货时的停车。定期的不可避免中断，指经过一定时期重复一次。比如把灰浆泵由一个工作地点转移到另一个工作地点时的工作中断。

②与机械有关的不可避免的中断工作时间，是由于工人进行准备与结束工作或辅助工作时，机械停止工作而引起的中断工作时间。它是与机械的使用与保养有关的不可避免的中断时间。

③工人休息时间，前面已经做了说明。这里要注意的是，应尽量利用与工艺过程有关的和与机械有关的不可避免的中断时间进行休息，以充分利用工作时间。

（2）损失的工作时间包括多余工作、停工、违背劳动纪律所消耗的工作时间和低负荷下的工作时间。

1）机械的多余工作时间，一是机器进行任务内和工艺过程内未包括的工作而延续的时间，如工人没有及时供料而使机器空运转的时间；二是机械在负荷下所做的多余工作，如混凝土搅拌机搅拌混凝土时超过规定搅拌时间，即属于多余工作时间。

2）机械的停工时间，按其性质也可分为施工本身造成的和非施工本身造成的停工。前者是由于施工组织的不好而引起的停工现象，如由于未及时供给机器燃料而引起的停工。后者是由于气候条件所引起的停工现象，如暴雨时压路机的停工。上述停工中延续的时间，均为机器的停工时间。

3）违反劳动纪律引起的机械的时间损失，是指由于工人迟到、早退或擅离岗位等原因引起的机械停工时间。

4）低负荷下的工作时间，是由于工人或技术人员的过错所造成的施工机械在降低负荷的情况下工作的时间。例如，工人装车的砂石数量不足引起的汽车在降低负荷的情况下工作所延续的时间。此项工作时间不能作为计算时间定额的基础。

第二节　测定时间消耗的基本方法——计时观察法

定额测定是制定定额的一个主要步骤。测定定额是用科学的方法观察、记录、整理、分析施工过程，为制定建筑工程定额提供可靠依据。测定定额通常使用计时观察法，计时观察法是测定时间消耗的基本方法。

一、计时观察法的含义、用途及特点

计时观察法，是研究工作时间消耗的一种技术测定方法。它以研究工时消耗为对象，以观察测时为手段，通过密集抽样和粗放抽样等技术进行直接的时间研究。计时观察法用于建筑施工中时以现场观察为主要技术手段，所以也称为现场观察法。

计时观察法的具体用途：

(1)取得编制施工的劳动定额和机械定额所需要的基础资料和技术根据。

(2)研究先进工作法和先进技术操作对提高劳动生产率的具体影响，并应用和推广先进工作法和先进技术操作。

(3)研究减少工时消耗的潜力。

(4)研究定额执行情况，包括研究大面积、大幅度超额和达不到定额的原因，积累资料、反馈信息。

计时观察法能够把现场工时消耗情况和施工组织技术条件联系起来加以考察，它不仅能为制定定额提供基础数据，而且也能为改善施工组织管理、改善工艺过程和操作方法以便消除不合理的工时损失和进一步挖掘生产潜力提供技术根据。计时观察法的局限性是考虑人的因素不够。

二、计时观察法的准备工作

1.确定需要进行及时观察的施工过程

计时观察之前的第一个准备工作是研究并确定有哪些施工过程需要进行计时观察。对于需要进行计时观察的施工过程要编出详细的目录，拟订工作进度计划，制定组织技术措施，并组织编制定额的专业技术队伍，按计划认真开展工作。在选择观察对象时，必须注意所选择的施工过程要完全符合正常施工条件。所谓施工的正常条件，是指绝大多数企业和施工队、组，在合理组织施工的条件下所处的施工条件。与此同时，还需要调查影响施工过程的技术因素、组织因素和自然因素。

2.对施工过程进行预研究

对于已确定的施工过程的性质应进行充分的研究，目的是为了正确地安排计时观察和收集可靠的原始资料。研究的方法，是全面地对各个施工过程及其所处的技术组织条件进行实际调查和分析，以便设计正常的(标准的)施工条件和分析研究测时数据。

(1)熟悉与该施工过程有关的先行技术规范和技术标准等文件和资料。

(2)了解新采用的工作方法的先进程度，了解已经得到推广的先进施工技术和操作，还应了解施工过程存在的技术组织方面的缺点和由于某些原因造成的混乱现象。

(3)注意系统地收集完成定额的统计资料和经验资料，以便与计时观察所得的资料进行对比分析。

(4)把施工过程划分为若干个组成部分(一般划分到工序)。施工过程划分的目的是便于计时观察。如果计时观测法的目的是为了研究先进工作法，或是分析影响劳动生产率的因素，则必须将施工过程划分到操作以至动作。

(5)确定定时点和施工过程产品的计量单位。所谓定时点，即是上下两个相衔接的组成部分之间的分界点。确定定时点，对于保证计时观察的精确性是不容忽略的因素。确定产品计量单位，要能具体地反映产品的数量，并具有最大限度的稳定性。

3. 选择观察对象

所谓观察对象，就是对其进行计时观察完成该施工过程的工人。所选择的建筑安装工人，应具有能够完成或超额完成现行的施工劳动定额。

4. 其他准备工作

除以上几点外，还必须准备好必要的用具和表格。如测时用的秒表或电子计时器，测量产品数量的工器具，记录和整理测时资料用的各种表格等。如果有条件且有必要，还可配备电影摄像和电子记录设备。

三、计时观察法的主要测时方法

对施工过程进行观察、测时，计算实物和劳务产量，记录施工过程所处的施工条件和确定影响工时消耗的因素，是计时观测法的三项主要内容和要求。计时观察法种类很多，最主要的有三种，见图2-7。

图2-7 计时观察法的种类

1. 测时法

(1)测时法的分类。根据具体测时手段不同，可将测时法分为选择法和接续法两种。

1)选择法测时。它是间隔选择施工过程中非紧连接的组成部分(工序或操作)测定工时，精确度达0.5 s。

选择法测时也称为间隔法测时，当被观察的某一循环工作的组成部分开始，观察者立即开动秒表，当该组成部分终止，则立即停止秒表。然后把秒表上指示的延续时间记录到选择法测时记录(循环整理)表上，并把秒针拨回到零点。下一组成部分开始，再开动秒表，如此依次观察，并依次记录下延续时间。

采用选择法测时，应特别注意掌握定时点。记录时间仍在进行的工作组成部分，应不予观察。当所测定的各工序或操作的延续时间较短时，连续测定比较困难，用选择法测时比较方便且简单。

2)接续法测时。它是连续测定一个施工过程各工序或操作的延续时间。接续法测时每次要记录各工序或操作的终止时间，并计算出本工序的延续时间。

接续法测时也称作连续法测时。它比选择法测时准确、完善，但观察技术也较之复杂。它的特点是在工作进行中和非循环组成部分出现之前一直不停止秒表，秒针走动过程中，观

26

察者根据各组成部分之间的定时点，记录它的终止时间，再用定时点终止时间之间的差表示各组成部分的延续时间。

（2）测时法的观察次数。由于测时法是属于抽样调查的方法，因此为了保证选取样本的数据可靠，需要对于同一施工过程进行重复测时。一般来说，观测的次数越多，资料的准确性越高，但要花费较多的时间和人力，这样既不经济，也不现实。确定观测次数较为科学的方法，应该是依据误差理论和经验数据相结合的方法来判断。表 2－1 给出了测时法下观察次数的确定方法。很显然，需要的观察次数与要求的算术平均值精确度及数列的稳定系数有关。

表 2－1　测时法所必需的观察次数表

稳定系数 $K_p = \dfrac{t_{max}}{t_{min}}$	要求的算术平均值精确度 $E = \pm \dfrac{1}{\overline{X}} \sqrt{\dfrac{\sum \Delta^2}{n(n-1)}}$				
	5% 以内	7% 以内	10% 以内	15% 以内	25% 以内
	观察次数				
1.5	9	6	5	5	5
2	16	11	7	5	5
2.5	23	15	10	6	5
3	30	18	12	8	6
4	39	25	15	10	7
5	47	31	19	11	8

注：表中符号的意义：t_{max} 为最大观测值；t_{min} 为最小观测值；$\overline{X}$ 为算术平均值；n 为观察次数；Δ 为每次观察值与算术平均值之差。

2. 写实记录法

写实记录法是一种研究各种性质的工作时间消耗的方法，包括基本工作时间、辅助工作时间、不可避免的中断时间、准备与结束时间以及各种损失时间。采用这种方法，可以获得分析工作时间消耗和制定定额所必需的全部资料。这种测定方法比较简便、易于掌握，并能保证必需的精确度。因此，写实记录法在实际中得到了广泛应用。

写实记录法的观察对象，可以是一个工人，也可以是一个工人小组。当观察由一个人单独操作或产品数量可单独计算时，采用个人写实记录。如果观察工人小组的集体操作，而产品数量又无法单独计算时，可采用集体写实记录。

（1）写实记录法的种类。写实记录法按记录时间的方法不同分为数示法、图示法和混合法三种，计时一般采用有秒针的普通计时表即可。

1）数示法写实记录。数示法的特征是用数字记录工时消耗，是三种写实记录法中精确度较高的一种，精确度达 5 s，可以同时对两个工人进行观察，适用于组成部分较少而且比较稳定的施工过程。数示法用来对整个工作班或半个工作班进行长时间观察，因此能反映工人或机械工作日全部情况。

2）图示法写实记录。图示法是在规定格式的图标上用时间进度线条表示工时消耗量的一种记录方式，精确度可达 30 s，可同时对三个以内的工人进行观察。这种方法的主要优点是记录简单，时间一目了然，原始记录整理方便。

3）混合法写实记录。混合法吸取数字和图示两种方法的优点，以图示法中的时间进度线条表示工序的延续时间，在进度线的上部加写数字表示各时间区段的工人数。混合法适用于三个以上工人工作时间的集体写实记录。

（2）写实记录法的延续时间。与确定测时法的观察次数相同，为保证写实记录法的数据可靠性，需要确定写实记录法的延续时间。延续时间的确定，是指在采用写实记录法中任何一种方法进行测定时，对每个被测施工过程或同时测定两个以上施工过程所需的总延续时间的确定。

延续时间的确定，应立足于既不能消耗过多的观察时间，又能得到比较可靠和准确的结果。同时还必须注意：所测施工过程的广泛性和经济价值，已经达到的功效水平的稳定程度，同时测定不同类型施工过程的数目，被测定的工人人数以及测定完成产品的可能次数等。写实记录法所需的延续时间如表 2－2 所示，必须同时满足表中三项要求，如其中任一项达不到最低要求，应酌情增加延续时间。

表 2－2　写实记录法确定延续时间表

序号	项目	同时测定施工过程的类型数	测定对象		
			单人的	集体的	
				每组 2～3 人	每组 4 人以上
1	被测定的个人或小组的最低数	任一数	3 人	3 个小组	2 个小组
2	测定总延续时间的最小值(h)	1	16	12	8
		2	23	18	12
		3	28	21	24
3	测定完成产品的最低次数	1	4	4	4
		2	6	6	6
		3	7	7	7

3. 工作日写实法

工作日写实法是一种研究整个工作班内的各种工时消耗的方法。

运用工作日写实法主要有两个目的：一是取得编制定额的基础资料；二是检查定额的执行情况，找出缺点，改进工作。当用于第一个目的时，工作日写实的结果要获得观察对象在工作班内工时消耗的全部情况，以及产品数量和影响工时消耗的影响因素。其中，工时消耗应该按工时消耗的性质分类记录。在这种情况下，通常需要测定 3～4 次。当用于第二个目的时，通过工作日写实应该做到：查明工时损失量和引起工时损失的原因，制定消除工时损失、改善劳动组织和工作地点组织的措施，查明熟练工人是否能发挥自己的专长，确定合理的小组制定和合理的小组分工；确定机械在时间利用和生产率方面的情况，找出使用不当的原因，制定出改善机械使用情况的技术组织措施，计算工人或机械完成定额的实际百分比和可能百分比。在这种情况下，通常需要测定 1～3 次。工作日写实法与测时法、写实记录法相比较，具有技术简便、费力不多、应用面广和资料全面的优点，在我国是一种采用较广的编制定额的方法。工作日写实法的缺点：由于有观察人员在场，即使在观察前做了充分准备，仍不免在工时利用上有一定的虚假性；工作日写实法的观察工作量较大，费时较多，费用亦高。

工作日写实法，利用写实记录表记录观察资料。记录时间时不需要将有效工作时间分为各个组成部分，只需划分适合于技术水平和不适合于技术水平两类。但是工时消耗还需按性质分类记录。工作日写实法示例如表2－3所示。

表2－3　工作日写实法结果表

施工单位名称	测定日期	延续时间	调查次号	页次
×××三公司	××年××月××日	8 h 30 min		
施工过程名称	钢筋混凝土直形墙模板安装			

工时消耗表

序号	工时消耗分类	时间消费（min）	百分比（%）	施工过程中的问题及建议
	一、定额时间			
1	基本工作时间：适于技术水平的	1198	74.5	
2	不适于技术水平的			本资料造成非定额时间的原因主要是：
3	辅助工作时间	53	3.3	（1）劳动组织不合理，开始由三人操作，中途又增加一人，在实际工作中经常出现一人等工的现象
4	准备与结束时间	14	0.87	（2）等材料，上班后领材料时未找到材料员，而造成等工
5	休息时间	12	0.75	（3）产品不符合质量要求返工，由于技术交底马虎，工人对产品规格要求也未真正弄清楚，结果造成返工
6	不可避免的中断时间	9	0.58	（4）违反劳动纪律，主要是上班迟到和工作时间闲谈
7	合计	1286	80	建议：
	二、非定额时间			切实加强施工管理工作，班前要认真做好技术交底，职能人员要坚守岗位，保证材料及时供应，并预先办好领料手续，提前领料，科学地按定额规定每工应完成的产量结合工人实际工效安排劳动力，加强劳动纪律教育，按时上班，集中思想工作。经认真改善后，劳动效率可提高25%左右
8	由于劳动组织的缺点而停工	19	1.18	
9	由于缺乏材料而停工	102	6.34	
10	由于工作地点未准备好而停工			
11	由于机具设备不正常而停工			
12	产品质量不符返工	132	8.21	
13	偶然停工（停水、停电、暴风雨）			
14	违反劳动定额	69	4.27	
15	其他损失时间			
16	合计	322	20	
17	消耗时间总计	1608	100	
	完成产品数量	52.15 m²		
	生产率：实际：1608/(60×8×52.15)=0.064（工日/m²） 可能：1286/(60×8×52.15)=0.051（工日/m²）			可以提高：(0.064/0.051－1)×100%=25%

第三节 人工消耗定额的确定

人工消耗定额也称劳动消耗定额或劳动定额，它是在一定生产技术组织条件下，完成单位合格产品所必需的劳动消耗量的标准。这个标准是国家和企业对工人在单位时间内完成的产品数量、质量的综合要求，是表示建筑安装工人劳动生产率的一个先进合理指标。

建筑工程各类定额中，劳动定额都是重要的组成部分，是编制人工消耗指标的基础。为了便于综合和核算，劳动定额大多采用工作时间消耗量来表达和计算劳动消耗的数量。

一、劳动定额的表现形式

劳动定额的表现形式有时间定额和产量定额两种。

（一）时间定额

时间定额是指在一定的生产技术和生产组织条件下，某工种、某技术等级的工人小组或个人，完成单位合格产品所必须消耗的工作时间。

时间定额以"工日"为计量单位，如：工日/m^3、工日/m^2、工日/m、工日/t 等，每一个工日工作时间按 8 小时（h）计算。

时间定额计算公式为

$$单位产品的时间定额（工日） = \frac{1}{每工日产量}$$

以小组计算时，则为

$$单位产品的时间定额（工日） = \frac{小组成员工日数总和}{小组每班产量}$$

【例 2-1】 某工程人工挖地槽，挖土深度 1.5 m，槽底宽 0.8 m，一工日挖土方量 0.42 m^3，则：时间定额（工日）= 1/0.42 = 2.381（工日/m^3）。

【例 2-2】 某工程基础挖土方，由 6 名工人组成施工小组，一工日挖土方 19.02 m^3，则：时间定额（工日）= 6/19.02 = 0.315（工日/m^3）。

（二）产量定额

产量定额是指在一定的生产技术和生产组织条件下，某工种、某技术等级的工人小组或个人，在单位时间（工日）内完成合格产品的数量，也称为每工日产量。

产量定额的计量单位以单位时间的产品计量单位表示，如：m^3/工日、m^2/工日、m/工日、t/工日等。

产量定额计算公式为

$$每工日的产量定额 = \frac{1}{单位产品的时间定额（工日）}$$

以小组计算时，则为

$$小组台班产量 = \frac{小组成员工日数总和}{单位产品的时间定额（工日）}$$

【例 2-3】 某工程人工挖地槽，挖土深度 3 m，槽底宽 1.2 m，土壤类别为一类土，人工挖土时间定额为 0.292 工日/m^3，则每工日产量 = 1/0.292 = 3.425（m^3/工日）。

（三）时间定额和产量定额的关系

时间定额与产量定额互为倒数关系。

即：时间定额 × 产量定额 = 1

或：时间定额 = 1/产量定额　　　产量定额 = 1/时间定额

【例 2-4】　水泥砂浆抹预制板天棚的时间定额为 1.15 工日/10 m²，则：产量定额 = 1/时间定额 = 1/1.15 = 0.87(10 m²/工日) = 8.70(m²/工日)。

二、劳动定额的确定方法

（一）技术测定法

技术测定法是指应用测时法、写实记录法、工作日写实法等几种计时观察法获得的工作时间的消耗数据，进而制定人工消耗定额。劳动定额的表现形式有时间定额和产量定额两种，它们之间互为倒数关系，拟定出时间定额，即可以计算出产量定额。

时间定额是在确定工序作业时间、规范时间的基础上制定的。

1. 确定工序作业时间

根据计时观察资料的分析和选择，我们可以获得各种产品的基本工作时间和辅助工作时间，将这两种时间合并称之为工序作业时间。它是产品主要的必须消耗的工作时间，是各种因素的集中反映，决定着整个产品的定额时间。

（1）拟定基本工作时间

基本工作时间在必须消耗的工作时间中占的比重最大。在确定基本工作时间时，必须细致、精确。基本工作时间消耗一般应根据计时观察资料来确定。其做法是：首先确定工作过程每一组成部分的工时消耗，然后再综合出工作过程的工时消耗。如果组成部分的产品计量单位和工作过程的产品计量单位不符，就需要先求出不同计量单位的换算系数，进行产品计量单位的换算，然后再相加，求得工作过程的工时消耗。

1）各组成部分与最终产品单位一致时的基本工作时间计算。此时，单位产品基本工作时间就是施工过程各个组成部分作业时间的总和，计算公式为：

$$T_1 = \sum_{i=1}^{n} t_i$$

式中：T_1—— 单位产品基本工作时间；

　　　t_i—— 各组成部分的基本工作时间；

　　　n—— 各组成部分的个数。

2）各组成部分单位与最终产品单位不一致时的基本工作时间计算。此时，各组成部分基本工作时间应分别乘以相应的换算系数，计算公式为：

$$T_1 = \sum_{i=1}^{n} k_i \times t_i$$

式中：k_i—— 对应于 t_i 的换算系数。

【例 2-5】　砌砖墙勾缝的计量单位是平方米，但若将勾缝作为砌砖墙施工过程的一个组成部分对待，即将勾缝时间按砌墙厚度按砌体体积计算，设每平方米墙面所需的勾缝时间为 10 分钟，试求各种不同墙厚每立方米砌体所需的勾缝时间。

【解】 ①1 砖厚的砖墙，其每立方米砌体墙面面积的换算系数为 $1/0.24 = 4.17 \ \mathrm{m}^2$

则每立方米砌体所需的勾缝时间是：$4.17 \times 10 = 41.7 \ \mathrm{min}$

②标准砖规则为 $240 \ \mathrm{mm} \times 115 \ \mathrm{mm} \times 53 \ \mathrm{mm}$，灰缝宽 $10 \ \mathrm{mm}$，

故一砖半墙的厚度 $= 0.24 + 0.115 + 0.01 = 0.365 \ \mathrm{m}$

一砖半厚的砖墙，其每立方米砌体墙面面积的换算系数为 $1/0.365 = 2.74 \ \mathrm{m}^2$

则每立方米砌体所需的勾缝时间是：$2.74 \times 10 = 27.4 \ \mathrm{min}$

(2)拟定辅助工作时间

辅助工作时间的确定方法与基本工作时间相同。如果在计时观察时不能取得足够的资料，也可采用工时规范或经验数据来确定。如具有现行的工时规范，可以直接利用工时规范中规定的辅助工作时间的百分比来计算。举例见表 2-4。

表 2-4　木作工程各类辅助工作时间的百分率参考表

工作项目	占工序作业时间(%)	工作项目	占工序作业时间(%)
磨跑刀	12.3	磨线刨	8.3
磨槽刨	5.9	锉锯	8.2
磨凿子	3.4		

2.确定规范时间

规范时间内容包括工序作业时间以外的准备与结束时间、不可避免的中断时间以及休息时间。

(1)确定准备与结束时间

准备与结束工作时间分为工作日和任务两种。任务的准备与结束时间通常不能集中在某一个工作日中，而要采取分摊计算的方法，分摊在单位产品的时间定额里。

如果在计时观察资料中不能取得足够的准备与结束时间的资料，也可根据工时规范或经验数据来确定。

(2)确定不可避免的中断时间

在确定不可避免的中断时间的定额时，必须注意由工艺特点所引起的不可避免中断才可列入工作过程的时间定额。

不可避免的中断时间也需要根据测时资料通过整理分析获得，也可以根据经验数据或工时规范，以占工作日的百分比表示此项工时消耗的时间定额。

(3)拟定休息时间

休息时间应根据工作班作息制度、经验资料、计时观察资料，以及对工作的疲劳程度做全面分析来确定。同时，应考虑尽可能利用不可避免的中断时间作为休息时间。

规范时间均可利用工时规范或经验数据确定，常用的参考数据可如表 2-5 所示。

表 2 - 5　准备与结束、休息、不可避免中断时间占工作班时间的百分率参考表

序号	时间分类　　工种	准备与结束时间占工作时间(%)	休息时间占工作时间(%)	不可避免中断时间占工作时间(%)
1	材料运输及材料加工	2	13 ~ 16	2
2	人力土方工程	3	13 ~ 16	2
3	架子工程	4	12 ~ 15	2
4	砖石工程	6	10 ~ 13	4
5	抹灰工程	6	10 ~ 13	3
6	手工木作工程	4	7 ~ 10	3
7	机械木作工程	3	4 ~ 7	3
8	模板工程	5	7 ~ 10	3
9	钢筋工程	4	7 ~ 10	4
10	现浇混凝土工程	6	10 ~ 13	3
11	预制混凝土工程	4	10 ~ 13	2
12	防水工程	5	25	3
13	油漆玻璃工程	3	4 ~ 7	2
14	钢制品制作及安装工程	4	4 ~ 7	2
15	机械土方工程	2	4 ~ 7	2
16	石方工程	4	13 ~ 16	2
17	机械打桩工程	6	10 ~ 13	3
18	构件运输及吊装工程	6	10 ~ 13	3
19	水暖电气工程	5	7 ~ 10	3

3. 拟定定额时间

确定的基本工作时间、辅助工作时间、准备与结束工作时间、不可避免的中断时间与休息时间之和，就是劳动定额的时间定额。根据时间定额可计算出产量定额，时间定额和产量定额互为倒数。利用工时规范，可以计算劳动定额的时间定额。计算公式如下：

规范时间 = 准备与结束工作时间 + 不可避免的中断时间 + 休息时间

工序作业时间 = 基本工作时间 + 辅助工作时间

$$= \frac{基本工作时间}{1 - 辅助时间\%}$$

$$时间定额 = \frac{工序作业时间}{1 - 规范时间\%}$$

【例 2 - 6】　通过计时观察资料得知：人工挖二类土 1 m³ 的基本工作时间为 6 h，辅助工作时间占工序作业时间的 2%。准备与结束工作时间、不可避免的中断时间、休息时间分别占工作日的 3%、2%、18%。该人工挖二类土的时间定额是多少？

【解】 基本工作时间 $=6$ h/m^3 $=0.75$ 工日/m^3

工序作业时间 $=0.75/(1-2\%)=0.765$(工日/m^3)

时间定额 $=0.765/(1-3\%-2\%-18\%)=0.994$(工日/m^3)

(二)比较类推法

比较类推法也称典型定额法,是以某同类型定额项目的水平或技术测定的实际消耗工时为依据,经过分析比较,类推出同一组定额中相邻项目时间定额的方法。例如:已知挖一类土地槽槽底宽和不同槽深的时间定额,根据各类土耗用工时的比例来推算挖二、三、四类土地槽的时间定额。

比较类推的计算方法为

$$t = P \times t_o$$

式中:t——比较类推同类相邻定额项目的时间定额;

P——各同类相邻项目耗用工时的比例(以典型项目为1);

t_o——典型项目的时间定额。

这种方法的优点是简便、工作量少,只要典型定额选择恰当,切合实际,具有代表性,类推出的定额水平一般比较合理;缺点是如果典型选择不当,整个系列定额都会有偏差,计算结果有的需要做一定调整。这种方法适用于定额测定比较困难,同类型项目产品品种多,批量少的施工过程。如现行《建设工程劳动定额》(LD/T 72.2—2008),挖地槽(沟)土方时间定额项目(表2-6)就是利用这种方法编制的。

表2-6 挖地槽(沟)土方时间定额表

工日/m^3

定额编号	AB0009	AB0010	AB0011
项目	底宽≤1.5 m, 深度(≤m)		
	3	4.5	6
一类土	0.255	0.331	0.407
二类土	0.353	0.429	0.505
三类土	0.536	0.612	0.688
四类土	0.780	0.856	0.932

【例2-7】 挖一类土地槽,槽底宽在1.5 m以内且不同槽深的时间定额如表2-6所示,推算挖二、三、四类土地槽的时间定额(一类土与二、三、四类土的比例关系分别为1.384,2.102,3.06)。

【解】 挖四类土槽底宽为1.5 m以内,深度为3 m以内的时间定额为

$$t_4 = P_4 \times t_o = 3.06 \times 0.255 = 0.780$$(工日/m^3)

其余项目时间定额均如此计算,见表2-6。

(三)统计分析法

统计分析法是根据一定时期内生产同类建筑产品各工序的实际工时消耗统计资料,结合

当前生产技术组织条件的变化因素，进行分析研究、整理和修正从而制定定额的方法。

采用统计分析法需要有准确的原始记录和统计工作基础，并且选择正常的及一般水平的施工单位与班组，同时还要选择部分先进和落后的施工单位与班组进行分析和比较。

如果过去的统计数据中包括某些不合理的因素，水平可能偏于保守，为了使定额保持平均先进水平，可从统计资料中求出平均先进值，其计算步骤如下：

（1）删除统计资料中特别偏高、偏低及明显不合理的数据。

（2）计算出算术平均值。

（3）在工时统计数组中，取小于上述算术平均值的数组，再计算其平均值，即为所求的平均先进值。

【例2-8】　已知由统计得来的工时消耗资料统计数组：10，25，30，35，40，50，40，60，45，55，80，计算平均先进值。

【解】　上组数据中10、80是明显偏低、偏高的数，应删除。

$$算术平均值 = \frac{25+30+35+40+50+40+60+45+55}{9} = 42.2$$

从数组中选出小于算术平均值42.2的数，求平均先进值：

$$平均先进值 = \frac{25+30+35+40+40}{5} = 34$$

计算所得平均先进值，也就是定额水平的依据。

（四）经验估计法

经验估计法，一般是指定额专业测定人员、工程技术人员和从事施工生产、施工管理丰富经验的工人代表，参照施工图样、施工验收规范等有关技术资料，通过座谈讨论、分析研究和计算而制定定额的方法。

这种方法的优点是定额制定较为简单，易于掌握，工作量小，时间短，不需要具备更多的技术条件；缺点是主观因素影响大，技术数据不足，准确性差。这种方法只适用于批量小，不易计算工作量的生产过程。

三、劳动定额的作用

（一）是制定预算定额的依据

确定建筑工程预算定额中的各施工过程或单位建筑产品的劳动力耗用量，是以劳动定额为基础的。劳动定额是建筑工程定额中最基本、最重要的组成部分。

（二）是计划管理的依据

施工单位的计划管理，需编制年、季、旬生产计划、作业计划、施工进度计划、劳动工资计划等，确定上述计划的基本数据的根据是劳动定额。应当指出，施工单位编制所有计划，应以本企业平均先进的劳动定额为依据。

（三）是衡量劳动生产率的标准

衡量施工单位、施工班组及个人的劳动生产率，是以劳动定额为唯一标准。随着施工工艺、技术、工具、设备的改进和劳动生产率的提高，劳动定额亦应相应调整，以显示建筑业生产率的不断提高。

（四）是按劳分配和推行经济责任制的依据

施工单位实行计件工资和计时奖励制，均应以劳动定额为结算依据。

施工单位签发施工任务书，规定各施工队职责范围的依据是劳动定额，使生产、计划、成果及分配统一起来，也使国家、集体与个人利益相一致。

（五）是推广先进技术和劳动竞赛的基本条件

以劳动定额为基础，可测定本单位、本班组及个人的生产率，找出差距和影响因素。采用先进技术，改进操作方法，开展班组之间和个人之间的劳动竞赛，均以劳动定额为依据，促进劳动生产率的提高。

（六）是施工单位经济核算的依据

施工单位考核与分析建筑产品的劳动量消耗，是以劳动定额为依据进行核算，并用来控制劳动消耗和产品的工时消耗，降低建筑产品中的人工费用消耗。

现摘录《全国建筑安装工程统一劳动定额》（LD/T 72.4—2008）第四分册砌筑工程的砖砌体工程中的"砖墙"时间定额表，如表2-7所示。

表2-7 砖墙砌体劳动定额（LG/T72.4—2008）

单位：工日/m³

定额编号	AD0020	AD0021	AD0022	AD0023	AD0024	编号
项目	混水内墙					
	1/2 砖	3/4 砖	1 砖	3/2 砖	≥2 砖	
综合	1.38	1.340	1.020	0.994	0.917	一
砌砖	0.865	0.815	0.482	0.448	0.404	二
运输	0.434	0.437	0.440	0.440	0.395	三
调制砂浆	0.085	0.089	0.101	0.106	0.118	四

注：工作内容包括：砌墙面艺术形式、墙垛、平碹模板；梁板头模板；板下塞砖、楼梯间砌砖留楼梯踏步斜槽、留孔洞、砌各种凹进处、山墙泛水槽；安放木砖、铁件；安装60 kg以内的预制混凝土门窗过梁、隔板、垫块以及调整立好后的门窗框等。

根据表2-7砖墙分项时间定额表，可知砌1 m³的1砖厚混水内墙，需1.02个工日，每工日综合可砌1/1.02 m³=0.98 m³的1砖混水内墙。

【例2-9】 某工程需要砌筑300 m³的3/4砖厚混水内墙，现场每天有15个工人施工，求完成该工程需要的施工天数。

【解】 从表2-7知完成3/4砖厚1 m³混水内墙所需要的综合工日为1.34工日。则完成300 m³混水内墙3/4砖厚所需要的劳动量为1.34工日/m³×300 m³=402工日。

施工天数=402/15天=26.8天≈27天

【例2-10】 某住宅有内墙砌筑任务，总砌筑量为1/2砖厚内墙2300 m³，计划60天完成任务，求完成该项任务需要的人数。

【解】　砖墙砌体劳动定额可知完成 1 m^3 1/2 砖厚混水内墙需要 1.38 工日，则完成 2300 m^3 1/2 砖厚混水内墙需要 1.38 × 2300 工日 = 3174 工日。

需要的人数 = 3174/60 人 = 52.9 人 ≈ 53 人

第四节　材料消耗定额的确定

一、施工中的材料消耗

施工中材料的消耗，可分为必需的材料消耗和损失的材料消耗两类。

必须消耗的材料，是指在合理使用材料的条件下，生产单位和各产品所需消耗的材料数量。它包括直接用于建筑和工程的材料、不可避免的施工废料和不可避免的材料损耗。其中，直接构成建筑安装工程实体的材料用量称为材料净用量，不可避免的施工废料和材料损耗数量称为材料损耗量。

材料的消耗量由材料净用量和材料损耗量组成。其公式如下：

材料消耗量 = 材料净用量 + 材料损耗量

材料损耗量用材料损耗率(%)来表示，即材料的损耗量与材料净用量的比值。可用下式表示：

$$材料损耗率 = \frac{材料损耗量}{材料净用量} \times 100\%$$

材料损耗率确定后，材料消耗定额亦可用下式表示：

材料消耗量 = 材料净用量 × (1 + 材料损耗率)

部分原材料、半成品、成品损耗率(%)详见表 2 - 8。(摘自《全国统一建筑工程基础定额》(GJD - 101 - 95))

表 2 - 8　部分原材料、半成品、成品损耗率

材料名称	工程项目	损耗率(%)	材料名称	工程项目	损耗率(%)
普通黏土砖	地面、屋面、空花(斗)墙	1.5	水泥砂浆	抹灰及墙裙	2
普通黏土砖	基础	0.5	水泥砂浆	地面、屋面、构筑物	1
普通黏土砖	实砌墙体	1	混凝土(现浇)	二次灌浆	3
白瓷砖		3.5	混凝土(现浇)	地面	1
陶瓷锦砖		1.5	混凝土(现浇)	其余部分	1.5
面砖、缸砖		2.5	细石混凝土		1
水磨石板		1.5	钢筋(预应力)	后张吊车梁	13
大理石板		1.5	钢筋(预应力)	先张高强钢丝	9
水泥瓦、黏土瓦	(括脊瓦)	3.5	钢材	其他部分	6
石棉波形瓦(板瓦)		4	铁件	成品	1
砂	混凝土、砂浆	3	小五金	成品	1
白石子		4	木材	窗扇、框(包括配料)	6

材料名称	工程项目	损耗率（%）	材料名称	工程项目	损耗率（%）
砾(碎)石		3	木材	屋面板平口制作	4.4
乱毛石	砌墙	2	木材	屋面板平口安装	3.3
方整石	砌体	3.5	木材	木栏杆及扶手	4.7
碎砖、炉(矿)渣		1.5	木材	封檐板	2.5
珍珠岩粉		4	模板制作	各种混凝土	5
生石膏		2	模板安装	工具式钢模式板	1
水泥		2	模板安装	支撑系统	1
砌筑砂浆	砖、毛方石砌体	1	胶合板、纤维板、吸声板	顶棚、间壁	5
砌筑砂浆	空斗墙	5	石油沥青		1
砌筑砂浆	多孔砖墙	1	玻璃	配制	15
砌筑砂浆	加气混凝土块	2	石灰砂浆	抹顶棚	1.5
混合砂浆	抹顶棚	3	石灰砂浆	抹墙及墙裙	1
混合砂浆	抹灰及墙裙	2	水泥砂浆	抹顶棚、梁、柱腰线、挑檐	2.5

二、材料消耗定额的确定方法

确定实体材料的净用量定额和材料损耗定额的计算数据，是通过现场技术测定、实验室试验、现场统计和理论计算等方法获得的。

（1）现场技术测定法，又称为观察法，是根据对材料消耗过程的测定与观察，通过完成产品数量和材料消耗量的计算，而确定各种材料消耗定额的一种方法。现场技术测定法主要适用于确定材料损耗量，因为该部分数值用统计法或其他方法较难得到。通过现场观察，还可以区别出哪些是可以避免的损耗，哪些是属于难以避免的损耗，明确定额中不应列入可以避免的损耗。

（2）实验室试验法，主要用于编制材料净用量定额。通过试验，能够对材料的结构、化学成分和物理性能以及按强度等级控制的混凝土、砂浆、沥青、油漆等配比做出科学的结论，给编制材料消耗定额提供有技术根据的、比较精确的计算数据。但其缺点在于无法估计到施工现场某些因素对材料消耗量的影响。

（3）现场统计法，是以施工现场积累的分部分项工程使用材料数量、完成产品数量、完成工作原材料的剩余数量等统计资料为基础，经过整理分析，获得材料消耗的数据。这种方法由于不能分清材料消耗的性质，因而不能作为确定材料净用量定额和材料损耗定额的依据，只能作为编制定额的辅助性方法使用。

上述三种方法的选择必须符合国家有关标准规范，即材料的产品标准，计量要使用标准容器和称量设备，质量符合施工验收规范要求，以保证获得可靠的定额编制依据。

（4）理论计算法，是运用一定的数学公式计算材料消耗定额。

1）砌体材料用量的计算。

如每立方米砖墙的用砖数量和砌筑砂浆的用量，可用下列理论计算公式计算各自的净用量：

用砖数：

$$A = \frac{1}{墙厚 \times (砖长 + 灰缝) \times (砖厚 + 灰缝)} \times k$$

式中：k——墙厚的砖数 $\times 2$（即分母体积中砌块的数量）

砂浆用量：

$$B = 1 - 砖数 \times 砌块体积$$

材料的损耗一般以损耗率表示。材料损耗率可以通过观察法或统计法确定。材料损耗率及材料消耗量的计算通常采用以下公式：

$$损耗率 = \frac{损耗量}{净用量} \times 100\%$$

$$总消耗量 = 净用量 + 损耗量 = 净用量 \times (1 + 损耗率)$$

【例 2 – 11】　计算 1 m³ 标准砖一砖外墙砌体砖数和砂浆的净用量。已知灰缝 10 mm，砖损耗率为 1%，砂浆损耗率为 1%。

【解】　①标准砖的净用量

$$每 1\ m^3 砖墙标准砖净用量 = \frac{1}{0.24 \times (0.24 + 0.01) \times (0.053 + 0.01)} \times 1 \times 2 = 529.1（块）$$

②标准砖消耗量

$$每 1\ m^3 砖墙标准砖消耗量 = 529.1 \times (1 + 1\%) = 534.4（块）$$

③砂浆净用量

$$每 1\ m^3 砖墙砂浆净用量 = 1 - 529.1 \times (0.24 \times 0.115 \times 0.053) = 0.226（m^3）$$

④砂浆消耗量

$$每 1\ m^3 砖墙砂浆消耗量 = 0.226 \times (1 + 1\%) = 0.228（m^3）$$

【例 2 – 12】　计算尺寸为 390 mm × 190 mm × 190 mm 的 1 m³ 190 mm 厚混凝土空心砌块墙的砌块和砂浆总消耗量，灰缝 10 mm，砌块损耗率为 1.8%，砂浆损耗率为 1.8%。

【解】　①每 1 m³ 砌体空心砌块净用量 $= \dfrac{1}{0.19 \times (0.39 + 0.01) \times (0.19 + 0.01)} \times 1$

$$= \frac{1}{0.19 \times 0.40 \times 0.20} = 65.8（块）$$

②每 1 m³ 砌体空心砌块消耗量 $= 65.8 \times (1 + 1.8\%) = 67.0（块）$

③每 1 m³ 砌体砂浆净用量 $= 1 - 65.8 \times 0.19 \times 0.19 \times 0.39 = 1 - 0.9264 = 0.074（m^3）$

④每 1 m³ 砌体砂浆消耗量 $= 0.074 \times (1 + 1.8\%) = 0.075（m^3）$

2）块料面层的材料用量的计算。

每 100 m² 面层块料数量、灰缝及结合层材料用量公式如下：

$$100\ m^2 块料净用量 = \frac{100}{(块料长 + 灰缝宽) \times (块料宽 + 灰缝宽)}（块）$$

$$100\ \text{m}^2\text{灰缝材料净用量} = [100 - (\text{块料长} \times \text{块料宽} \times 100\ \text{m}^2\text{块料用量})] \times \text{灰缝深}$$
$$\text{结合层材料用量} = 100\ \text{m}^2 \times \text{结合层厚度}$$

【例 2-13】 用 1:1 水泥砂浆贴 150 mm × 150 mm × 5 mm 瓷砖墙面，结合层厚度为 10 mm，试计算每 100 m² 瓷砖墙面中瓷砖和砂浆的消耗量（灰缝宽度为 2 mm）。假设瓷砖损耗率为 1.5%，砂浆损耗率为 1%。

【解】

① 每 100 m² 瓷砖墙面中瓷砖的净用量 $= \dfrac{100}{(0.15 + 0.002) \times (0.15 + 0.002)} = 4328.25(\text{块})$

② 每 100 m² 瓷砖墙面中瓷砖的消耗量 $= 4328.25 \times (1 + 1.5\%) = 4393.17(\text{块})$

③ 每 100 m² 瓷砖墙面中结合层砂浆净用量 $= 100 \times 0.01 = 1(\text{m}^3)$

④ 每 100 m² 瓷砖墙面中灰缝砂浆净用量 $= [100 - (4328.25 \times 0.15 \times 0.15)] \times 0.005$
$$= 0.013(\text{m}^3)$$

⑤ 每 100 m² 瓷砖墙面中水泥砂浆总消耗量 $= (1 + 0.013) \times (1 + 1\%) = 1.02(\text{m}^3)$

三、周转性材料消耗量的确定

周转性材料是指在施工过程中不是一次性消耗的材料，而是可多次周转使用，经过修理、补充才逐渐消耗尽的材料，如模板、脚手架、挡土板等。

周转性材料消耗量的定额消耗量是指周转材料每使用一次摊销的数量，其计算必须考虑一次使用量、周转次数、周转使用量、回收价值和摊销量之间的关系。

1. 现浇混凝土构件周转性材料（木模板）用量计算

（1）一次使用量。一次使用量是指周转性材料一次投入量。周转性材料的一次使用量根据施工图计算，其用量与各分部、分项工程部位、施工工艺和施工方法有关。

其计算公式为：

$$\text{一次使用量} = \text{混凝土构件模板接触面积} \times \text{每 1 m}^2\text{接触面积模板用量} \times (1 + \text{损耗率})$$

（2）周转次数。周转次数是指周转性材料在补损条件下可以重复使用的次数。

（3）周转使用量。周转使用量是指周转性材料在周转使用和补损的条件下，每周转一次的平均需用量。周转性材料在周转过程中，其投入使用总量为：

$$\text{投入使用总量} = \text{一次使用量} + \text{一次使用量} \times (\text{周转次数} - 1) \times \text{补损率}$$

周转使用量为：

$$\text{周转使用量} = \frac{\text{投入使用总量}}{\text{周转次数}}$$

$$= \frac{\text{一次使用量} + \text{一次使用量} \times (\text{周转次数} - 1) \times \text{补损率}}{\text{周转次数}}$$

$$= \text{一次使用量} \times \frac{1 + (\text{周转次数} - 1) \times \text{补损率}}{\text{周转次数}}$$

若设　　　周转使用系数 $k_1 = \dfrac{1 + (\text{周转次数} - 1) \times \text{补损率}}{\text{周转次数}}$

则　　　　　　　　　周转使用量 = 一次使用量 × k_1

（4）回收量。回收量是指周转性材料每周转一次后，可以平均回收的数量。计算公式为：

$$回收量 = \frac{周转使用最终回收量}{周转次数} = \frac{一次使用量 - 一次使用量 \times 补损率}{周转次数}$$

$$= 一次使用量 \times \frac{1 - 补损率}{周转次数}$$

（5）摊销量。摊销量是指为完成一定计量单位建筑产品，一次所需要摊销的周转性材料的数量。

$$摊销量 = 周转使用量 - 回收量 \times 回收折价率$$

$$= 一次使用量 \times k_1 - 一次使用量 \times \frac{1 - 补损率}{周转次数} \times 回收折价率$$

$$= 一次使用量 \times \left(k_1 - \frac{1 - 补损率}{周转次数} \times 回收折价率 \right)$$

若设：

$$摊销量系数\ k_2 = k_1 - \frac{1 - 补损率}{周转次数} \times 回收折价率$$

则：

$$摊销量 = 一次使用量 \times k_2$$

材料补损率是指周转性材料使用一次后，由于损坏需要补损的量与一次使用量之比。

回收折价率是指周转性材料在最后一次使用完后，其回收的残余材料价值与原材料价值之比。

表 2-9 为《全国统一建筑工程基础定额》（GJD-101-95）中部分周转材料木模板周转次数、补损率及施工损耗表。

表 2-9　木模板周转次数、补损率及施工损耗表

序号	名称	周转次数（次）	补损率（%）	施工损耗率（%）
1	圆柱	3	15	5
2	异形梁	5	15	5
3	整体楼梯、阳台、栏杆	4	15	5
4	弧形圈梁	3	15	5
5	支撑、垫板、拉板	15	10	5
6	木模板	3	15	5

【例 2-14】　根据选定的设计图样计算弧形钢筋混凝土圈梁，每 100 m² 钢筋混凝土弧形圈梁木模板接触面积需要模板木材 6.538 m³，木支撑系统 1.246 m³，回收折价率为 50%，试计算模板摊销量。

【解】　①每 100 m² 模板一次使用量计算

一次使用量 = 100 m² 模板接触面积木板净用量 × （1 + 损耗率）

查表 2-9 知，施工损耗率为 5%。

木模板一次使用量 = 6.538 × （1 + 5%） = 6.865（m³）

木支撑一次使用量 = 1.246 × （1 + 5%） = 1.308（m³）

②每 100 m² 构件模板周转使用量

$$周转使用量 = 一次使用量 \times \frac{1 + (周转次数 - 1) \times 补损率}{周转次数}$$

查表 2-9 知，木模板周转次数为 3 次，补损率为 15%，木支撑周转次数为 15 次，补损率为 10%。

$$模板周转使用量 = 6.865 \times \frac{1 + (3-1) \times 15\%}{3} = 2.975 (m^3)$$

$$支撑周转使用量 = 1.308 \times \frac{1 + (15-1) \times 10\%}{15} = 0.209 (m^3)$$

③ 每 100 m^2 回收量计算

$$回收量 = 一次使用量 \times \frac{1 - 补损率}{周转次数}$$

$$模板回收量 = 6.865 \times \frac{1 - 15\%}{3} = 1.945 (m^3)$$

$$支撑回收量 = 1.308 \times \frac{1 - 10\%}{15} = 0.078 (m^3)$$

④ 每 100 m^2 构件模板摊销量计算

$$摊销量 = 周转使用量 - 回收量 \times 回收折价率$$

$$模板摊销量 = (2.975 - 1.945 \times 50\%) = 2.003 (m^3)$$

$$支撑摊销量 = (0.209 - 0.078 \times 50\%) = 0.17 (m^3)$$

$$合计摊销量 = (2.003 + 0.17) = 2.173 (m^3)$$

2. 现浇混凝土构件周转性材料(组合钢模板、复合木模板)摊销量计算

组合钢模板、复合木模板属周转使用材料，但其摊销量与现浇构件木模板计算方法不同，它可不计算每次周转的损耗，只需要根据一次使用量及周转次数，即可计算出其摊销量。

计算公式如下：

$$周转材料摊销量 = \frac{100 \ m^2 \ 一次使用量 \times (1 + 施工损耗率)}{周转次数}$$

表 2-10 为《全国统一建筑工程基础定额》(GJD-101-95)中部分周转材料组合钢模板、复合木模板周转次数及施工损耗表。

表 2-10　组合钢模板、复合木模板周转次数及施工损耗表

序号	名称	周转次数(次)	施工损耗率(%)	备注
1	模板	50	1	包括梁卡具。柱箍筋损耗率为 2%
2	零星卡具	20	2	包括 V 形卡具、L 形插销、梁形扣、螺栓
3	钢支撑系统	120	1	包括连杆、钢筋支撑、管扣件
4	木模板	5	5	
5	木支撑	10	5	包括琵琶撑、支撑、垫板、拉杆
6	钢钉、钢丝	1	2	
7	木楔	2	5	
8	尼龙帽	1	5	

【例 2 - 15】 根据选定的设计图样计算现浇钢筋混凝土异形柱，每 100 m² 异形柱(钢模、钢支撑)模板接触面积需组合式钢模板 3819 kg、模板木材 0.395 m³、钢支撑系统 7072.8 kg、零星卡具 547.8 kg，试计算周转材料摊销量。

【解】 组合钢模板、复合模板材料不考虑补损率，所以其摊销量计算公式为

$$周转材料摊销量 = \frac{100 \text{ m}^2 \text{ 一次使用量} \times (1 + 施工损耗率)}{周转次数}$$

①钢模板：查表 2 - 10 可知，钢模板周转次数为 50 次，施工损耗 1%。

$$钢模板摊销量 = \frac{3819 \times (1 + 1\%)}{50} = 77.14 (\text{kg})$$

②模板木材：查表 2 - 10 可知，模板木材周转次数为 5 次，施工损耗 5%。

$$模板木材摊销量 = \frac{0.395 \times (1 + 5\%)}{5} = 0.083 (\text{m}^3)$$

③钢支撑系统：查表 2 - 10 可知，钢支撑系统周转次数为 120 次，施工损耗 1%。

$$钢支撑系统摊销量 = \frac{7072.8 \times (1 + 1\%)}{120} = 59.53 (\text{kg})$$

④零星卡具：查表 2 - 10 可知，零星卡具周转次数为 20 次，施工损耗 2%。

$$零星卡具摊销量 = \frac{547.8 \times (1 + 2\%)}{20} = 27.94 (\text{kg})$$

3. 预制构件模板计算

预制混凝土构件的模板虽属周转使用材料，由于损耗很少，因此按照多次使用平均分摊的方法计算，即不需要计算每次周转的损耗，只需要根据一次使用量及周转次数，就可算出摊销量。计算公式如下：

$$预制构件模板摊销量 = \frac{一次使用量}{周转次数}$$

【例 2 - 16】 根据选定的预制过梁标准图集计算，每立方米构件的模板接触面积为 12.45 m²，模板木材一次使用量 0.438 m³，模板周转次数为 10 次，计算预制构件木模板的摊销量。

【解】
$$预制构件模板摊销量 = \frac{一次使用量}{周转次数}$$

$$预制过梁木模板摊销量 = 0.438/10 = 0.044 (\text{m}^3)$$

第五节　机械台班消耗定额的确定

一、机械台班消耗定额的表现形式

施工机械台班消耗定额，简称机械台班定额，是指施工机械在正常的施工条件下，合理、均衡地组织劳动和使用机械时，该机械在单位时间内的生产效率。施工机械台班定额按其表现形式不同，可以分为机械台班时间定额和机械台班产量定额两种。

(一)机械台班时间定额

它是指在合理的劳动组织与合理使用机械的条件下，生产某一单位合格产品所必须消耗

的机械台班数量,计算单位用"台班"或"台时"来表示。工人使用一台机械,工作一个工作班称为一个台班,即 8 小时。它既包括机械本身的工作,又包括使用该机械的工人的工作。

(二)机械台班产量定额

它是指在合理的劳动组织与合理使用机械的条件下,规定某种机械设备在单位时间内必须完成合格产品的数量,其计量单位是以产品的计量单位来表示的。

机械台班时间定额与机械台班产量定额是互为倒数的关系,即:

$$机械台班时间定额(台班) = \frac{1}{机械台班产量定额}$$

(三)机械台班人工配合定额

使用机械必须由工人小组配合,机械台班人工配合定额是指机械台班配合用工部分,即机械和人工共同工作时的人工定额。用公式表示如下:

$$人工时间定额 = \frac{机械台班内工人的总工日数}{机械的台班产量}$$

$$机械台班产量定额 = \frac{机械台班内工人的总工日数}{机械时间定额}$$

【例 2-17】 用塔式起重机安装某混凝土构件,由 1 名吊车司机、6 名安装起重工、3 名电焊工组成的小组共同完成。已知机械台班产量定额为 50 根。试计算吊装每一根构件的机械时间定额、人工时间定额和台班产量定额(人工配合)。

【解】 ①吊装装配每一根混凝土构件的机械时间定额 $= \dfrac{1}{机械台班产量定额} = 1/50 = 0.02(台班)$

②吊装每一根构件的人工时间定额 $= (1+6+3)/50 = 0.2(工日/根)$

③台班产量定额(人工配合) $= 1/0.2 = 5(根/工日)$

二、机械台班消耗定额的确定方法

(一)确定机械纯工作 1 h 正常生产率

机械纯工作时间,就是指机械的必须消耗时间。机械纯工作 1 h 正常生产率,就是在正常施工组织条件下,具有必需的知识和技能的技术工人操纵机械 1 h 的生产率。

根据机械工作特点的不同,机械纯工作 1 h 正常生产率的确定方法,也有所不同。

(1)对于循环动作机械,确定机械纯工作 1 h 正常生产率的计算公式如下:

$$机械一次循环的正常延续时间 = \sum 循环各组成部分正常延续时间 - 交叠时间$$

$$机械纯工作 1 h 循环次数 = \frac{60 \times 60(s)}{一次循环的正常延续时间}$$

$$机械纯工作 1 h 正常生产率 = 机械纯工作 1 h 正常循环次数 \times 一次循环生产的产品数量$$

(2)对于连续动作机械,确定机械纯工作 1 h 正常生产率要根据机械的类型和结构特征,以及工作过程的特点来进行。计算公式如下:

$$连续动作机械纯工作 1 h 正常生产率 = \frac{工作时间内生产的产品数量}{工作时间(h)}$$

工作时间内的产品数量和工作时间的消耗，要通过多次现场观察和机械说明书来取得数据。

（二）确定施工机械的正常利用系数

确定施工机械的正常利用系数，是指机械在工作班内对工作时间的利用率。机械的利用系数和机械在工作班内的工作状况有着密切的关系。所以，要确定机械的正常利用系数，首先要拟定机械工作班的正常工作状况，保证合理利用工时。机械正常利用系数的计算公式如下：

$$机械正常利用系数 = \frac{机械在一个工作班内纯工作时间}{一个工作班延续时间（8\ h）}$$

（三）计算施工机械台班定额

计算施工机械台班定额是编制机械定额工作的最后一步。在确定了机械工作正常条件、机械 1 h 纯工作正常生产率和机械正常利用系数之后，采用下列公式计算施工机械的产量定额：

$$机械台班产量定额 = 机械纯工作 1\ h\ 正常生产率 × 工作班纯工作时间$$

$$机械台班产量定额 = 机械纯工作 1\ h\ 正常生产率 × 工作班延续时间 × 机械正常利用系数$$

$$施工机械时间定额 = \frac{1}{机械台班产量定额}$$

【例 2 - 18】 某工厂现场采用出料容量 500 L 的混凝土搅拌机，每一次循环中，装料、搅拌、卸料、中断需要的时间分别为 1 分钟、3 分钟、1 分钟、1 分钟，机械正常利用系数为 0.9，求该机械的台班产量定额。

【解】 该搅拌机一次循环的正常延续时间 = 1 + 3 + 1 + 1 分钟 = 6 分钟 = 0.1 小时

该搅拌机纯工作 1 h 循环次数 = 10 次

该搅拌机纯工作 1 h 正常生产率 = 10 × 500 L = 5000 L = 5 m³

该搅拌机台班产量定额 = 5 × 8 × 0.9 = 36（m³/台班）

[思考练习题]

一、单选题

1. 将工程建设定额划分为劳动、机械、材料消耗定额，这是按（　　）分类的。

A. 定额的不同用途　　　　　　　　B. 定额反映的生产要素消耗内容

C. 定额的编制单位和执行范围　　　D. 投资的费用性质

2. 按定额反映时生产要素消耗内容分类，可以把工程建设定额分为（　　）。

A. 劳动消耗定额、施工定额、投资估算指标

B. 机械消耗定额、施工定额、建筑工程定额

C. 材料消耗定额、机械消耗定额、施工定额

D. 劳动消耗定额、机械消耗定额、材料消耗定额

3. 劳动定额的主要表现形式有时间定额，但同时也表现为产量定额，时间定额与产量定

额的关系是( )。

A.独立关系　　　　B.正比关系　　　　C.互为相反数　　　　D.互为倒数

4.编制机械台班定额的重要前提是( )。

A.确定时间　　　　　　　　　B.确定地点

C.拟定正常的施工条件　　　　D.确定人员

5.下列时间在定额中不予考虑的是( )。

A.休息时间　　　　　　　　　B.准备与结束时间

C.多余工作时间　　　　　　　D.不可避免的停工时间

6.施工机械台班产量定额 = ( )。

A.机械纯工作1台班正常生产率×工作班延续时间×机械正常利用系数

B.机械纯工作1小时正常生产率×工作班延续时间×机械正常利用系数

C.机械纯工作1天正常生产率×工作班延续时间×机械正常利用系数

D.机械纯工作单位正常生产率×工作班延续时间×机械正常利用系数

7.以下哪个不是定额时间的组成内容( )。

A.基本工作时间　　　　　　　B.不可避免的浪费时间

C.辅助工作时间　　　　　　　D.准备与结束工作时间

8.已知某挖土机挖土的一次正常循环工作时间是2分钟,每循环工作一次挖土0.5 m^3,工作班的延续时间为8小时,机械正常利用系数为0.8,则其产量定额为( ) m^3/台班。

A.300　　　　　　B.150　　　　　　C.120　　　　　　D.96

9.在确定材料定额消耗量时,建筑工程必须消耗的材料不包括( )。

A.直接用于建筑工程的材料　　　　B.不可避免的施工废料

C.不可避免的场外运输损耗材料　　D.不可避免的场内堆放损耗材料

10.尺寸为390 mm×190 mm×190 mm的每立方米190 mm厚混凝土空心砌块墙的砌块和砂浆的总消耗量为( ),灰缝10 mm,砌块与砂浆的损耗率均为1.8%。

A.65块, 0.073 m^3　　　　　　B.66块, 0.074 m^3

C.67块, 0.075 m^3　　　　　　D.68块, 0.076 m^3

11.某瓦工班组15人,砌1.5砖厚砖基础,需6天完成,砌筑砖基础的定额为1.25工日/m^3,该班组完成的砌筑工程量是( )。

A.112.5 m^3　　　B.90 m^3/工日　　　C.80 m^3/工日　　　D.72 m^3

12.地砖规格为200 mm×200 mm,灰缝1 mm,其损耗率为1.5%,则100 m^2地面地砖消耗量为( )。

A.2475块　　　　　B.2513块　　　　　C.2500块　　　　　D.2462.5块

二、多选题

1.由建设行政主管部门根据合理的施工组织设计,按照正常施工条件下制定的,生产一个规定计量单位工程合格产品所需( )的社会平均消耗量,称为消耗量定额。

A.人工　　　　B.材料　　　　C.机械台班　　　　D.管理费

2.定额时间的组成内容包括( )。

A.基本工作时间　　　　　　　B.辅助工作时间

C. 准备与结束时间 D. 不可避免的浪费时间

3. 劳动定额的表现形式为( )。

A. 工期定额 B. 时间定额 C. 产量定额 D. 施工定额

4. 材料消耗定额的构成包括( )。

A. 直接构成工程实体的材料 B. 施工废料

C. 施工操作损耗 D. 浪费的材料

5. 机械纯工作时间包括( )。

A. 有效工作时间 B. 不可避免的无负荷工作时间

C. 不可避免的中断时间 D. 循环时间

6. 机械的有效工作时间包括( )。

A. 基本工作时间 B. 辅助工作时间

C. 正常负荷下的工作时间 D. 有根据地降低负荷下的工作时间

7. 在正常的施工条件下,预算定额中的人工工日消耗量是由( )组成的。

A. 基本用工 B. 人工幅度差 C. 辅助用工 D. 其他用工

[技能训练题]

1. 问题 A:计算砌 1 m³ 一砖厚灰砂砖墙(尺寸为 240 mm × 115 mm × 53 mm)的砖和砂浆的净用量与总消耗量,标准砖、砂浆的损耗率均为 1.5%。

问题 B:用水泥砂浆贴 450 mm × 450 mm × 10 mm 的大理石地面,结合层 5 mm 厚,灰缝 1 mm 宽,大理石损耗率为 3%,砂浆损耗率为 1.7%,计算每 100 m² 地面的大理石和砂浆总消耗量。

问题 C:某框架结构填充墙采用混凝土空心砌块砌筑,砌块尺寸为 390 mm × 190 mm × 190 mm,墙厚 190 mm,砌块损耗率为 1%,砂浆灰缝 10 mm 宽,砂浆损耗率为 1.5%。求每 1 m³ 厚度为 190 mm 的墙体砌块净用量与消耗量和砂浆消耗量。

2. 某现浇框架结构建筑的第二层层高为 4 m,各方向的柱中心间距均为 4.5 m,框架间为空心砌块墙,且各柱梁断面尺寸均相同,柱为 450 mm × 450 mm,梁为 250 mm × 600 mm,混凝土为 C25,采用出料容积为 400 L 的混凝土搅拌机现场搅拌。

技术测定资料如下:

(1)砌筑空心砌块墙,每完成 1 m² 砌块墙要消耗基本工作时间 40 min,辅助工作时间占工作延续时间的 7%,准备与结束时间占 5%,不可避免的中断时间占 2%,休息时间占 3%,预算定额人工幅度差系数 10%,框架间砌墙人工增加 10%。

(2)400 L 的混凝土搅拌机每一次循环时间:装料 50 s,搅拌 180 s,卸料 40 s,不可避免的中断 20 s。机械利用系数为 0.9,机械幅度差系数 15%,定额混凝土损耗率为 1.5%。

问题:(1)根据预算定额人工消耗指标测算原理计算砌筑每 10 m² 空心砌块墙人工消耗量。若要完成第二层共 10 跨框架间砌块墙(无洞口),需综合人工多少工日?

(2)根据预算定额机械台班消耗指标测算原理计算每 10 m³ 混凝土需混凝土搅拌机的定额台班消耗量。若取第二层共 10 跨框架梁的混凝土用量,需混凝土搅拌机多少台班?

3. 砖筑 1.5 砖厚标准砖墙的技术测定资料如下:

(1)完成 1 m³的砖砌体需基本工作时间 15.5 h，辅助工作时间占工作班延续时间的 3%，准备与结束工作时间占 3%，不可避免的中断时间占 2%，休息时间占 16%，人工幅度差系数为 10%，超距离运砖每千块需耗时 2.5 h。

(2)砖墙采用 M5 水泥砂浆，梁头、板头和窗台虎头砖占墙体积的百分比 0.52%、2.29%、1.13%，砖和砂浆的损耗率为 1%，完成 1 m³砌体需消耗水 0.8 m³，其他材料占上述材料费的 2%。

(3)砂浆采用 400 L 搅拌机现场搅拌，运料需时 200 s，装料 50 s，搅拌 80 s，卸料 30 s，不可避免的中断 10 s，机械利用系数 0.8，幅度差系数为 15%。

(4)人工工日单价为 30 元/工日，M5 水泥砂浆单价为 145 元/m³，标准砖单价 232 元/千块，水为 1.14 元/m³，400 L 砂浆搅拌机台班单价为 129 元/台班。

根据上述资料计算确定砌筑 1 m³砖墙的预算定额消耗量指标和定额基价，并填写"砖墙砌筑预算定额项目表"。

砖墙砌筑预算定额项目表

工作内容：调、运、铺砂浆，运、砌砖。包括砌窗台虎头砖、门窗套等。 单位：m³

定额编号				A3 – 11
项　目				砖墙墙厚
				1.5 砖
名　称		单位	单价	数量
基　价		元	/	
其中	人工费	元	/	
	材料费	元	/	
	机械费	元	/	
综合人工				
材料	标准砖			
	M5 水泥砂浆			
	水			
	其他材料费			
机械	400 L 搅拌机			

48

第三章　建筑安装工程人工、材料、机械台班单价的确定

【知识目标】

(1)了解建筑安装工程人工单价的构成及影响因素；

(2)了解建筑安装工程材料价格的定义构成及材料价格变动的因素；

(3)了解建筑安装工程机械台班单价构成及影响机械台班单价的因素；

(4)掌握人工单价的确定方法；

(5)掌握材料价格的确定方法；

(6)掌握机械台班单价的确定方法。

【技能目标】

(1)具有确定建筑安装工程人工单价的能力；

(2)具有确定建筑安装工程材料价格的应用能力；

(3)具有确定建筑安装工程机械台班单价的应用能力。

【素质目标】

(1)具有良好的职业道德和诚信品质；

(2)具有较强的责任感和踏实的工作作风；

(3)具有创新能力、团队协作精神。

第一节　人工单价的构成和确定

一、人工日工资单价的概念

日工资单价是指施工企业平均技术熟练程度的生产工人在每工作日(国家法定工作时间内)按规定从事施工作业应得的日工资总额。

二、人工日工资单价的确定

工程造价管理机构确定日工资单价应通过市场调查，根据工程项目的技术要求，参考实物工程量人工单价综合分析确定，最低日工资单价不得低于工程所在地人力资源和社会保障部门所发布的最低工资标准的：普工 1.3 倍、一般技工 2 倍、高级技工 3 倍。

$$日工资单价 = \frac{生产工作平均月工资(计时，计件) + 平均月(奖金 + 津贴补贴 + 特殊情况下支付的工资)}{年平均每月法定工作日}$$

三、影响人工单价的因素

影响人工单价的因素有生活消费指数、社会平均工资水平、人工单价的构成内容、劳动

力供需关系、政府推行的社会保障和福利政策等。

(一)生活消费指数(CPI)

CPI 是居民消费价格指数(Consumer Price Index)的英文缩写,是反映与居民生活有关的产品及服务价格调查统计出来的物价变动指标,通常作为观察通货膨胀水平的重要指标。如果 CPI 指数升幅过大,表明通货膨胀成为经济不稳定因素。一般定义超过 3% 为通货膨胀,超过 5% 就是比较严重的通货膨胀。

(二)社会平均工资水平

社会平均工资(简称社平工资、社平),通常指某一地区或国家一定时期内(通常为一年)全部职工工资总额除以这一时期内职工人数后所得的平均工资,通过该时期该范围全体职工的工资总额与职工平均人数之比而得到。社会平均工资可以反映出职工的工资水平和生活水平,为计算报酬、计算赔偿额等提供一些参考。通常分为年平均工资,月平均工资(现在统计局已经不再有职工平均工资统计项目,而以在岗职工平均工资取代)。

(三)人工单价的构成内容

人工单价是指一个建安工人一个工作日中应计入的全部人工费用。主要包括基本工资,工资性津贴(按规定标准发放的物价补贴,煤、燃气补贴,交通费补贴,住房补贴,流动施工津贴及地区津贴等),辅助工资(生产建安工人年有效施工天数以外非作业天数的工资),职工福利费(按规定标准计提的职工福利费),劳动保护费(按规定标准发放的劳动保护用品的购置费及修理费)等。

(四)劳动力供需关系

劳动力供需关系是矛盾的统一体,供大于求时必然出现劳动力过剩。劳动力供给在一个国家一定的历史条件下呈刚性,而劳动力需求则受社会综合因素的制约而呈弹性。中国劳动力的供需始终保持不平衡的态势,这种不平衡主要表现在我国 20 世纪末面临巨大"民工潮"的冲击中,以及近年来许多地区和行业却又出现了"民工荒"。因此,分析我国劳动力供需变化的趋势和原因,制定有效的政策措施,对于发挥现阶段劳动力资源的比较优势,提高劳动力资源的利用效率,促进经济快速发展具有重要的现实意义。

(五)政府推行的社会保障和福利政策

社会保险是国家通过立法的形式,由社会集中建立基金,以使劳动者在年老、患病、工伤、失业、生育等丧失劳动能力的情况下能够获得国家和社会补偿和帮助的一种社会保障制度。目前我国的社会保险主要包括养老保险、医疗保险、失业保险、工伤保险、生育保险,是通过国家、企业和个人共同承担的。缴纳社会保险后,劳动者在发生医疗、工伤、生育时有相应的社会保险支付相关费用;在失业、退休或丧失劳动能力后基本生活也将有保障,即"老有所养、病有所医、伤有所偿、失业有救济"。这些政府推行的社会保障和福利政策对人工单价的变动也会产生相应的影响。

第二节　材料价格的构成和确定

一、材料费的概念

材料费是指施工过程中耗费的原材料、辅助材料、构配件、零件、半成品或成品、工程设备费用。

1. 材料费

材料费 = ∑(材料消耗量 × 材料单价)

材料单价 = [(材料原价 + 运杂费) × [1 + 运输损耗率(%)]] × [1 + 采购保管费率(%)]

2. 工程设备费

工程设备费 = ∑(工程设备量 × 工程设备单价)

工程设备单价 = (设备原价 + 运杂费) × [1 + 采购保管费率(%)]

二、材料价格的构成

材料价格(也称材料单价)是指施工过程中耗费的构成工程实体的原材料、辅助材料、构配件、零件、半成品的费用的总和。内容包括材料原价、供销部门手续费、运杂费、采购及保管费、检验试验费等。

三、材料价格的确定

材料价格 = (材料原价 + 供销部门手续费 + 包装费 + 运杂费 + 运输损耗费) × (1 + 采购及保管的费率) + 检验试验费 − 包装材料回收价值

(一)材料取定价的构成

1. 材料原价的确定

材料原价是指材料的出厂价格、进口材料抵岸价或销售部门的批发牌价和零售价。

$$加权平均原价 = \frac{K_1 C_1 + K_2 C_2 + \cdots + K_n C_n}{K_1 + K_2 + \cdots + K_n}$$

式中：K_1，K_2，$\cdots$，K_n——各不同供应地点的供应量或各不同使用地点的需要量；

C_1，C_2，$\cdots$，C_n——各不同供应地点的原价。

【例3-1】　某建筑工程需要HRB400螺纹钢，由三家钢厂供应：A厂供应700 t，出厂价4100 元/t；B厂供应1500 t，出厂价4000 元/t；C厂供应800 t，出厂价4050 元/t。试求本工程螺纹钢的原价。

【解】　$W_总 = 700 + 1500 + 800 = 3000(t)$

(1)数量比例法

加权平均原价 = ∑(各原料地原料价格 × 各来源地数量百分比)

$N_A = W_A / W_总 = 700 / 3000 = 23.3\%$

$$N_B = W_B/W_总 = 1500/3000 = 50\%$$

$$N_C = W_C/W_总 = 800/3000 = 26.7\%$$

HRB400螺纹钢原价 $= 4100 \times 23.3\% + 4000 \times 50\% + 4050 \times 26.7\% = 4036.65(元/t)$

（2）总金额法

$$加权平均原价 = \frac{\sum(各原料地原料价格 \times 相应单价)}{\sum 各原料地数量}$$

$$加权平均原价 = \frac{700 \times 4100 + 1500 \times 400 + 800 \times 4050}{700 + 1500 + 800} = 4036.67(元/t)$$

【例3-2】 某工程采用袋装水泥，由A、B水泥厂直接供应。A水泥厂的供应量为6000 t，出厂价为380 元/t，汽车运距为35 km，运价为1.8 元/(t·km)，装卸费为10 元/t；B水泥厂的供应量为8000 t，出厂价为360 元/t，汽车运距为50 km，运价为1.8 元/(t·km)，装卸费为8 元/t。已知每吨水泥20袋，包装纸袋已包括在出厂价内，每只水泥袋3元，运输损耗率为2.5%，采购保管费为3%。求该工程水泥价格。

【解】 根据公式

材料价格 =（供应价 + 运杂费 + 运输损耗费）（1 + 采购及保管费率）- 包装品回收价值

（1）供应价 = (6000 × 380 + 8000 × 360) ÷ 14000 = 368.57(元/t)

（2）平均运距 = (6000 × 35 + 8000 × 50) ÷ 14000 = 43.57(km)

水泥运输费 = 43.57 × 1.8 = 78.43(元/t)

（3）平均装卸费 = (6000 × 10 + 8000 × 8) ÷ 14000 = 8.58(元/t)

（4）运输损耗 = (368.57 + 78.43 + 8.58) × 2.5% = 11.39(元/t)

（5）水泥袋回收价值，查表3-1知：水泥袋回收率为50%，回收价值率为50%，

即：水泥袋回收价值 = 20 × 3 × 50% × 50% = 15(元/t)

（6）水泥价格 = (368.57 + 78.43 + 8.58 + 11.39)(1 + 3%) - 15 = 465.98(元/t)

2.供销部门手续费的确定

供销部门手续费，指需通过物资部门供应而发生的经营管理费用。不经过物资供应部门的材料，不计供销部门手续费。

供销部门手续费 = 材料原价 × 供销部门手续费率

材料供应价 = 原价 + 供应部门手续费

3.材料运杂费的确定

材料运杂费是指材料由采购地点或发货点至施工现场的仓库或工地存放地点（含外埠）中转运输过程中所发生的一切费用和过境过桥费用，包括调车和驳船费、装卸费、运输费、过桥过境费、入库费及附加工作费等。

$$加权平均运杂费 = \frac{K_1 T_1 + K_2 T_2 + \cdots + K_n T_n}{K_1 + K_2 + \cdots + K_n}$$

式中：K_1，K_2，$\cdots$，K_n——各不同供应点的供应量或各不同使用地点的需求量；

T_1，T_2，$\cdots$，T_n——各不同运距的运杂费。

【例3－3】　某工地需要某种规格品种的大理石块材，A地供货1000 m²，运杂费15.0 元/m²；B地供货400 m²，运杂费6.0 元/m²；C地供货600 m²，运杂费9.0 元/m²。求加权平均运价。

【解】　采用总金额法。

$$地砖加权平均运杂费 = \frac{1000 \times 15 + 400 \times 6 + 600 \times 9}{1000 + 400 + 600} = 11.4（元/m^2）$$

4. 材料运输损耗费的确定

材料运输损耗费是指材料在装卸、运输过程中的不可避免的合理损耗。材料运输损耗费可以计入运杂费用内，也可单独计算，其计算公式如下：

$$材料运输损耗费 = （材料供应价 + 运杂费）\times 相应材料运输损耗率$$

5. 采购及保管费的确定

采购及保管费是指材料供应部门（包括工地仓库及其以上各级材料主管部门）在组织采购、供应和保管材料过程中所需的各项费用。包括采购及保管部门人员工资和管理费、工地材料仓库的保管费、货物过秤费及材料在运输和储存中的损耗费用等。

$$采购及保管费 = 材料运到工地仓库价格 \times 采购及保管费率$$
$$= （材料原价 + 供销部门手续费 + 包装费 + 运杂费 + 运输损耗费）$$
$$\times 采购及保管费率$$

（1）建筑安装工程及市政工程材料均为1.8%，其中采购费率为0.6%，保管费率为1.2%。

（2）装饰工程材料占1.2%，其中采购和保管费率各50%。

（3）各种设备占1%，其中采购和保管费率各50%。

6. 检验试验费的确定

检验试验费是指对建筑材料、构件和建筑安装物进行一般鉴定、检查所发生的费用，包括自设试验室进行试验所耗用的材料和化学药品等费用。不包括新结构、新材料的试验费和建设单位对具有出厂合格证明的材料进行检验，对构件做破坏性试验及其他特殊要求检验试验的费用。

$$检验试验费 = \sum （单位材料量检验试验费 \times 材料消耗量）$$

7. 包装费

包装费是为了便于材料运输和保护材料进行包装所发生和需要的一切费用，包括水运、陆运的支撑、篷布、包装箱、绑扎材料等费用。材料运到现场或使用后，要对包装品进行回收，回收价值要冲抵材料价格。包装费计算通常有两种情况：

（1）材料出厂时已经包装的（如袋装水泥、玻璃、钢钉、墙面砖、油漆等），这些材料的包装一般已计入材料原价内、不再进行计算。但包装材料的回收值应从包装费中扣除。其计算公式如下：

$$包装材料回收值 = \frac{包装原价 \times 回收量比例 \times 回收价值比例}{包装容器标准容量}$$

包装材料的回收量比例及回收折旧率，一般由地区主管部门制定标准制行，若地区无规定，可按实际情况。参照表3－1。

表 3 - 1 包装品回收标准

包装材料名称		回收率(%)	回收价值率(%)	残值回收率(%)
木桶、木箱		70	20	3
木杆		70	20	3
竹制品		—	—	10
铁制品	铁桶	95	50	3
	铁皮	50	50	—
	铁丝	20	50	—
纸袋、纤维袋		50	50	—
麻袋		60	50	—
玻璃陶瓷制品		30	60	—

【例 3 - 4】 某工程所用木材采用铁路运输方式，在运输过程中，每个车皮可装木材 30 m³，每个车皮需要用包装用的车立柱 12 根，每根 15 元；铁丝 15 kg，8 元/kg。试求每立方米木材的包装费。

【解】 每立方米木材包装材料原值 = $(12 \times 15 + 15 \times 8)/30 = 10$(元)

参照表 3 - 1，可知包装材料的车立柱的回收量比例为 70%，回收价值率为 20%，铁丝回收率为 20%，回收价值率为 50%，则：

车立柱回收价值 = $(12 \times 70\%) \times (15 \times 20\%) = 25.2$(元)

铁丝回收价值 = $(15 \times 20\%) \times (8 \times 50\%) = 12$(元)

折合成每立方米回收值 = $(25.2 + 12)/30 = 1.24$(元)

由此可知，木材包装费为 $10 - 1.24 = 8.76$(元/m³)

(2)材料由采购单位自备的，应计算包装费，并计入材料预算价格内。如包装材料不是一次性报废材料，应按多次使用，多次加权摊销的方法计算，其计算公式如下：

$$自备包装品的包装费 = \frac{包装品原价 \times (1 - 回收量率 \times 回收价值率) + 使用期间维修费}{周转使用次数 \times 包装容器标准容量}$$

式中：使用期间维修费 = 包装品原价 × 使用期间维修费率。

关于维修费率，铁桶为 75%，其余不计。关于周转次数，铁桶为 15 次，纤维制品为 5 次，其余不计。

(二)进口材料价格的确定

若要使用进口材料时，应依据其到岸完税后的外汇牌价折算成人民币价格，另加运至本地的运杂费、市内运杂费和 2.5% 的采购及保管费组成材料原价。进口材料价格的计算公式为：

$$M = A + B$$
$$N = (M + C) \times 1.025$$

式中：M——进口材料供应价；

N——进口材料预算价；

A——进口材料到岸完税后的外汇价折成人民币价格；

B——实际发生的外埠运杂费；

C——实际发生的市内运杂费。

四、材料价格变动的因素

(一)市场供需变化

材料原价是材料价格中最基本的组成,价格随供需关系上下波动,但价格与供需是互动关系,材料的供需对市场价格的影响很大,它对价格的影响取决于市场的竞争程度。竞争越激烈,供需对市场价格的影响越大。市场竞争通过供需变化对市场价格的影响因素是多方面的,如提高产品质量,改进产品款式,改变包装、装潢,扩大广告宣传等都会影响商品供需,从而影响材料价格。

(二)材料生产成本的变动

材料生产成本是指产品在生产过程中发生的成本,按其属性一般可分为直接材料、直接人工和制造费用这三个项目。其中,构成产品主要实体或与产品主要实体相结合的材料称为直接材料;为直接加工制造产品而耗费的人工费用称为直接人工;那些在生产过程中发生的、不能直接归入上述两项的所有其他费用支出,统称为制造费用。显然,材料生产成本的变动必然会影响材料价格。

(三)流通环节的多少和材料供应体制

1.流通环节

材料从厂家来到建筑企业,必然要经过流通环节,材料在流通过程是由先后有序的若干次买卖所组成的系列,它必须借助于这些买卖,才能伴随所有权的转移,最后转卖到消费者手中。所以,流通环节是形成商品流通过程的基本要素。但单个流通环节不能形成商品流通过程,必须有多个环节并且有机地联系在一起。商品流通环节的多少,对于合理地、经济地组织商品流通十分重要。如果过少,就会造成流通的困难和流通过程的耗费增大;如果过多,则会造成商品在流通领域迂回转卖,延长流通时间,增加流通费用,加重消费者负担。要有计划地、合理地、经济地组织商品流通,就必须通过必要的流通环节,同时减少不合理、不必要的中间环节。

2.材料供应体制

建筑业的特点是生产周期长,物资材料消耗量大,建筑材料占整个工程造价的60% ~ 70%。它数量大,品种多。而材料供应机构,是建筑生产经营全过程中不可缺少的重要环节,从建筑产品商品化的发展要求看,材料供应是应该为工程承包单位服务的。

长期以来,施工单位不掌握建材,只是单纯提供劳务的集团,所以建筑企业就难以有足够的生产经营自主权,直接影响施工效益。另外,建筑业所需材料缺乏全面系统的计划管理,在客观上助长了建设规模的盲目性,致使物资供求关系失去平衡,也是造成基建项目失控的原因之一。传统的建筑材料供应体制已成为我国建筑业迅速发展的一个重要制约因素。因此,必须建立起高效材料供应体制,以适应日益生产的需要。

(四)材料运输距离和运输方法的改变

1.运输距离

材料输送从起点到终点的间隔。运输距离一般用公里、海里或米表示。运输距离与运输费用有密切关系。一般说，运输距离愈长运输费用愈大，运输费用随运输距离增长。因此，投资项目运输设计应尽量避免倒流、迂回路线，确保运输路线合理，降低运输费用。但运输费用与运输距离不是正比例关系。

2.运输方法

运输方法主要有人力和畜力、铁路运输、公路运输、水路运输、管道运输、航空运输等六种。它们的性质、技术经济特点和运用范围也不相同。

如人力和畜力运输是一种古老的运输方法，它较为灵活，但载运量较小，运行速度慢，适于短途运输；

铁路运输载运量大，连续性强，行驶速度较高，运费较低，一般不受气候、地形等自然条件的影响，适合于中长途客货运输；

公路运输虽载运量较小，运输成本较高，但机动灵活性较大，连续性较强，适合于中短途运输；

水运(包括内河和海上运输)具有载运量大、运输成本低、投资省、运行速度较慢、灵活性和连续性较差等特点，适于大宗、低值和多种散装货物的运输；

航空运输具有速度快、投资少、不受地方地形条件限制、能进行长距离运输等优点，也存在载运量小、运输成本高、易受气候条件影响等缺点，适合于远程客运及高档、外贸货物与急需货物的运输；

管道运输具有运量大、运输成本低、灵活性较差等特点，适合于输送量大、货源比较稳定的原油、成品油、天然气和其他液态、气态物资。

(五)国际市场行情变化

在建筑安装材料中有不少是进口材料，它们质量高、外观美，很受高档建筑的需要，但是这些材料都需要进口，它们的价格会受国际市场行情变化的影响。因为它涉及的因素很多，如：贸易主体为不同国籍，资信调查较困难；因涉及进出口，易受双边关系、国家政策的影响；交易金额往往较大，运输距离较远，履行时间较长，除交易双方外，还涉及运输、保险、银行、商检、海关等部门。由此可见风险较大，价格也很难稳定。

五、增值税条件下材料价格的发布规定

材料价格发布按照《湖南省建筑工程材料预算价格编制与管理办法》(湘建价〔2014〕170号)规定采取含税价格。

六、增值税条件下材料价格的使用规定

1.一般计税办法的材料价格使用规定

根据增值税条件下工程计价要求，税前工程造价中材料应采取不含税价格，材料原价、运杂费等所含税金采取综合税率除税，公式如下：

材料除税预算价格(或市场价格) = 材料含税预算价格(或市场价格)/(1 + 综合税率)

除税用综合税率标准规定如下：

1)适用增值税税率3%的自产自销材料的综合税率

序号	材料分类名称	综合税率
1	砂	
2	石子	3.8%
3	水泥为原料的普通及轻骨料商品混凝土	

2）适用增值税税率17%的材料的综合税率。

序号	材料分类名称	综合税率
1	水泥、砖、瓦、灰及混凝土制品	
2	沥青混凝土、特种混凝土等其他混凝土	16.93%
3	砂浆及其他配合比材料	
4	黑色及有色金属	

3）其他未列明分类的材料增值税综合税率按其他综合税率6%除税。

2. 简易计税办法的材料价格使用规定

简易计税办法条件下材料价格按照《湖南省建筑工程材料预算价格编制与管理办法》(湘建价〔2014〕170 号)发布的材料含税价格使用,不进行除税。

第三节　机械台班单价的组成和确定方法

一、概述

(一)机械台班单价的定义

在建筑施工中,施工机械的单价是以"台班"为计量单位的,机械工作8 h 称为一个台班。机械台班单价是指一台施工机械,在正常运转条件下一个工作班中所发生的全部费用。

(二)机械台班单价的构成

主要分两大类:不变费用和可变费用。

1. 不变费用

这类费用不因施工地点和条件不同而发生变化,其费用大小与施工机械工作年限直接相关,是一种比较固定的经常性费用,应按全年的费用分摊到每一台班中去。主要包括机械折旧费、机械大修理费、机械经常修理费、机械安拆费及场外运输费。

2. 可变费用

这类费用是机械在施工中发生的费用,它常因施工地点和施工条件的变化而变化。是以每台班实物消耗指标的形式表示的,即机械开动或运转时才会发生的费用,在使用时随工程所在地的人工、动力燃料、养路费及车船使用税的标准不同而不同,它的大小与机械工作年限直接有关,主要包括机上人工费、燃料动力费、养路费及车船使用税。

二、机械台班单价的确定

(一)机械折旧费的确定

施工机械属于固定资产范畴,在明细账上固定资产科目上记录着总价值,设备在使用中会产生磨损,这部分磨损掉的价值就是折旧费,即指施工机械在规定使用期限内,每个台班所摊的机械原值及支付贷款利息的费用。税务规定的固定资产计算折旧的最低年限中,飞机、火车、轮船、机器、机械和其他生产设备为10年,所以你要按10年的时间按月提计折旧费,就是累计折旧。

$$台班折旧费 = [机械预算价 × (1 - 残值率) × 贷款利息系数]/耐用总台班$$

1. 机械预算价

机械预算价按机械出厂(或到岸完税)价格,及机械以交货地点或口岸运至使用单位机械管理部门的全部运杂费计算。

2. 残值率

残值率是指机械报废时回收的残值占机械原值(机械预算价)的比率。残值率按有关文件规定:运输机械为2%,特大型机械为3%,中小型机械为4%,掘进机械为5%执行。

3. 贷款利息系数

$$贷款利息系数 = 1 + \frac{(n+1)i}{2}$$

式中:n——国家有关文件规定的此类机械折旧年限;

i——当年银行贷款利率。

4. 耐用总台班

指机械在正常施工作业条件下,从投入使用直到报废止,按规定应达到的使用总台班数。

机械耐用总台班即机械使用寿命,一般可分为机械技术使用寿命、经济使用寿命。

机械经济使用寿命,指从最佳经济效益的角度出发,机械使用投入费用(包括燃料动力费、润滑擦拭材料费、保养、修理费用等)最低时的使用期限。

$$耐用总台班 = 折旧年限 × 年工作台班$$
$$= 大修间隔台班 × 大修周期$$
$$= 大修间隔台班 × (寿命期内大修理次数 + 1)$$

式中:大修间隔台班——机械自投入使用从第一次大修投入使用至下一次大修止,应达到的使用台班数;

大修周期——寿命期大修理次数 + 1。

(二)机械大修理费的确定

机械大修理费是指机械设备按规定的大修间隔台班必须进行大修理,以恢复机械正常功能所需的费用。

(1)一次大修理费。按机械设备规定的大修范围和工作内容,进行一次全面修理所需消耗的工时、配件、辅助材料、油燃料以及送修运输等全部费用计算。

(2)寿命期大修理次数。为恢复原机功能按规定在寿命期内需要进行的大修理次数。

【例3-5】 已知某施工机械耐用总台班为6000台班，大修间隔台班为400台班，一次大修理费为10000元，试计算台班大修理费。

【解】 寿命周期大修次数=耐用总台班/大修间隔台班-1=6000/400-1=14次

施工机械台班大修理费=寿命周期大修理费用/寿命周期耐用总台班

=（一次大修理费×寿命周期大修次数）/寿命周期耐用总台班

=10000×14/6000

=23.33（元/台班）

（三）机械经常修理费用的确定

机械经常修理费用指施工机械除大修理以外的各级保养和临时故障排除所需的费用。包括为保障机械正常运转所需替换设备与随机配备工具附具的摊销和维护费用，机械正常运转中日常保养所需润滑与擦拭的材料费用及机械停滞期间的维护和保养费用等。分摊到台班费中，即为台班经常修理费。

经常修理费的计算方法如下：

典型机械采用按照确定经常修理范围、内容等测算的办法确定；

其余机械则采用典型机械测算的台班经常修理费与台班大修理费的比值（值）办法推算。

（四）机械安拆费及场外运输费的确定

1. 机械安拆费的确定

安拆费是指机械在施工现场进行安装、拆卸所需的人工、材料、机械和试运转费用，包括机械辅助设施（如基础、底座、固定锚桩、行走轨道、枕木等）的折旧、搭设、拆除等费用。其计算公式为：

机械台班安拆费=（机械一次安拆费×年平均安拆次数）/年工作台班+台班辅助设施费

式中：台班辅助设施费=$\sum$[一次使用量×相应单价×（1-残值率）]/年工作台班。

2. 机械场外运输费的确定

场外运输费是指机械整体或分体自停置地点运至现场或某一工地运至另一工地的运输、装卸、辅助材料以及架线等费用。其计算公式为：

机械台班场外运输费=（一次运输及装卸费+辅助材料一次摊销费+一次架线费）×年平均场外运输次数/年工作台班

注意：大型机械的安拆费及场外运输费应另行计算。

（五）燃料动力费的确定

燃料动力费是指机械在运转或施工作业中所耗用的固体燃料（煤炭、木材）、液体燃料（汽油、柴油）、电力、水和风力等费用。

台班燃料动力消耗量=（实测数×4+定额平均水平+调查平均值）/6

台班燃料动力费=台班燃料动力消耗量×相应单价

（六）人工费的确定

人工费指机上司机或副司机、司炉的基本工资和其他工资性津贴。

台班人工费=定额机上人工工日×日工资单价

定额机上人工工日=机上定员工日×（1+增加工日系数）

$$增加工日系数 = (年日历天数 - 规定节假公休日 - 辅助工资中年非工作日 - 机械年工作台班) \div 机械年工作台班,增加工日系数取定0.25$$

(七)养路费及车船使用税的确定

养路费及车船使用税是指施工机械按照国家规定和有关部门规定应缴纳的养路费、车船使用税、保险费及年检费等。按各省、自治区、直辖市规定标准计算后列入定额。

$$养路费及车船使用税 = 载重量(或核定自重吨位) \times [养路费标准 \times 12 + 车船使用税标准] \div 年工作台班$$

【例3-6】 计算某地自卸汽车的台班使用费。已知如下:机械价格为240000元/台,使用总台班为3150台班,大修间隔台班为625台班,年工作台班为250台班,一次大修理费为26000元,经常维修费系数 $K = 1.52$,替换设备、工附具费及润滑材料费为45.10元/台班,机上人工消耗为2.50工日/台班,人工单价为28.5元/工日,柴油预算价格为3.5元/kg,柴油耗用45.6kg/台班,养路费为95.8元/台班。(已知自卸汽车的残值率为2%,贷款利息系数为1。)

【解】 不变费用计算:

(1)机械折旧费 = $240000 \times (1 - 2\%) \div 3150 = 74.6$(元/台班)

(2)台班大修理次数 = $(3150 \div 625) - 1 = 5 - 1 = 4$(次)

台班大修理费 = $(26000 \times 4) \div 3150 = 33.02$(元/台班)

(3)经常维修费 = $33.02 \times 1.52 = 50.19$(元/台班)

不变费用小计:157.81元/台班

可变费用计算:

(4)台班人工费 = $2.5 \times 28.5 = 71.25$(元/台班)

(5)台班柴油费 = $45.6 \times 3.5 = 159.695.8$元/台班

(6)台班养路费 = 95.8元/台班

可变费用小计:326.65元/台班

三、影响机械台班单价的因素

(一)施工机械的价格

施工机械价格影响折旧费,从而也是影响机械台班单价的重要因素。从机械台班折旧费公式可知施工机械的价格直接影响折旧费,它们之间成正比例关系。

(二)机械使用年限

机械使用年限不仅影响折旧费,也影响机械的大修理费和经常修理费。有效使用寿命是以机械为主体,由机械及其零部件的磨损规律、技术性能、结构、质量、使用价值等机械本身的因素所决定的使用年限。

为了延长施工机械的寿命,在使用方面应该坚持实行"二定三包"制度(定人、定机、包使用、包保管、包保养),机械操作人员要做到"三懂"(懂构造、懂原理、懂性能)、"四会"(会使用、会保养、会检查、会排除故障),正确使用机械,严格执行安全技术操作规程,并对机械设备实行目标成本管理,将操作者经济收入与机械使用费(如燃料电力费、维修费、保养费、工具费等)挂钩,并加强对机管人员的职业道德教育与培训。

(三)机械的使用效率、管理和维护水平

要使机械达到最高效率,就要发挥机械所具备的功能和性能。反过来,如能消除或降低阻碍效率的损耗,就可以提高机械的效率。而施工企业管理水平的高低,将直接体现在施工机械的使用效率、机械完好率和维护水平上,会对机械台班单价产生直接影响。

(四)国家和地方政府征收税费的规定

税费是指税收和费用税收。税收是国家为满足社会公共需要,依据其社会职能,按照法律规定,强制地、无偿地参与社会产品分配的一种形式。税费是指国家机关向有关当事人提供某种特定劳务或服务,按规定收取的一种费用。而有些税费,如燃料税、车船使用税、养路费等将对机械台班单价产生较大影响,并会引起相应波动。

[思考练习题]

一、单选题

1.(　　)是指一定技术等级的建安工人一个工作日在计价时应计入的全部人工费用。

A.人工单价　　　　　　　　　　　　B.基本工资

C.基本工资加补贴工资　　　　　　　D.基本工资加福利费

2.(　　)是指材料(含构件、成品、半成品)从其来源地(或交货地点)到达施工现场工地仓库后的综合平均价格。

A.材料出厂价　　B.材料批发价　　C.材料市场价　　D.材料价格

3.(　　)是指一个施工机械在正常运转条件下一个台班中所支出和分摊的各种费用之和。

A.(机械供应价 + 场外运输费)/总台班

B.(机上人工费 + 燃料费 + 折旧费)/总台班

C.施工机械台班单价

二、多选题

1.人工单价组成的内容有(　　　　　　)。

A.生产工人基本工资　　　　　　　　B.生产工人工资性补贴

C.生产工人辅助工资　　　　　　　　D.职工福利费

E.生产工人劳动保护费

2.影响人工单价的因素是(　　　　　　)。

A.社会平均工资水平　　　　　　　　B.生活消费指数

C.人工单价的组成内容　　　　　　　D.劳动力市场供需变化

E.政府推行的社会保障和福利政策

3.影响材料价格的变动因素有(　　　　　　)。

A.市场供求变化　　　　　　　　　　B.材料生产成本变化

C.流通环节及材料供应体制　　　　　D.运输距离和运输方法

E.国际市场行情

4.机械台班单价第一类费用由(　　　)组成。

A.机上人工费　　　B.机械折旧费　　　C.机械大修费

D.机械经修费　　　E.机械安拆费及场外运输费

5.机械台班单价第二类费用由(　　　)组成。

A.机械机械经修费　　　　　　B.机上人工费

C.燃料动力费　　　　　　　　D.养路费及车船使用费

6.影响机械台班单价的因素是(　　　)。

A.施工机械的本身价格　　　　B.机械的使用寿命

C.机械的使用效率　　　　　　D.管理水平

E.国家政府的税政策及规定

[技能训练题]

1.某施工机械预计使用10年,耐用总台班数为3000台班,使用期内有4个大修周期,一次大修理费为5000元,试求该机械的台班大修理费。

2.某工程购置袋装水泥200 t,供应价为300元/t,运杂费为30元/t,运输损耗费为2.5%,采购及保管费为3%,求该水泥的价格。

3.已知某施工机械价格为10万元,使用寿命为8年,银行年贷款利率为7%,残值率为2%,机械耐用台班数为2000台班,试求该机械的台班折旧率。

4.某施工机械年工作台班为400台班,年平均安拆0.85次,机械一次安拆费为20000元,台班辅助设施费为150元,试求该施工机械的台班安拆费。

5.某工程需要采购特种钢材60 t,出厂价为6000元/t,供销部门手续费率为1%,材料运杂费为60元/t,运输损耗率为5%,试求该特种钢材的价格。

6.已知钢板厚6 mm,供应价为3100元/t,市内运杂费率为3%,采购及保管费率为2.5%,求钢板的价格。

7.某建筑工地需用42.5硅酸盐水泥,由A、B、C三个生产厂供应,A厂400 t,单价330元/t,B厂400 t,单价320元/t,C厂200 t,单价340元/t,求加权平均原价。

8.某工地需用32.5硅酸盐水泥,由A、B、C三个生产厂供应,A厂500 t,出厂价280元/t,运杂费20元/t;B厂300 t,出厂价282元/t,运杂费18元/t;C厂200 t,出厂价276元/t,运杂费22元/t。材料运输损耗率为1.5%,采购保管费率为2.5%,检验实验费率为2%,试计算材料价格。

9.试计算某5 t载重汽车的台班单价。已知出厂价8万元/台,进货费率为0.05,汽车残值率为6%,大修理间隔台班为750台班,使用周期数为5,一次大修理费为12000元,$K=2.64$,不计货款利息。经测算台班油耗为31.32 kg/台班,汽油预算价格为1.8元/kg,机上人工工日为1.2台班,日工资为21元,养路费及车船使用费为46.49台班/元。

10.某施工机械预算价格为30万元,贷款利息为10%,耐用总台班为8000台班,残值率为3.5%,大修理间隔台班为1300台班,一次大修理需用修理费6000元。试求该机械的大修理费和台班折旧费。

11. (1)湖南省某地区测算的人工市场日工资标准如下：建筑企业生产工人基本工资为48元/工日，工资性补贴为9元/工日，生产工人辅助工资为5元/工日，生产工人劳动保护费为3元/工日，职工福利费按2%比例计提。

(2)该地某工程楼地面使用的陶瓷地面砖(200 mm×200 mm)购买数量及费用资料如下表，其运输损耗率为2%，采购保管费费率为2.5%。

货源地	数量 (块)	买价 (元/块)	运距 (km)	运输单价 [元/(km·m²)]	装卸费 (元/m²)	备注
甲地	18200	2.5	210	0.02	1.2	火车运输
乙地	9800	2.4	65	0.04	1.5	汽车运输
丙地	10000	2.3	70	0.03	1.4	汽车运输
合计	38000					

(3)该地区其他材料市场价格：白水泥0.75元/kg、石料切割片50元/片、棉纱头30元/kg、水2.87元/m³、32.5级水泥0.468元/kg、粗净砂99.8元/m³、1:4水泥砂浆124.5元/m³、水泥107胶浆50元/m³、电0.588元/(kW·h)。试完成以下计算：

问题A：根据以上资料分别计算该地区人工单价和陶瓷地面砖(200 mm×200 mm)的材料单价。

问题B：试回答湖南省建筑安装工程施工机械台班单价包括哪些内容，并做出相应解释。

问题C：查阅《湖南省建筑装饰装修工程消耗量标准》及附录(2006年)，试计算该地区每100 m²的陶瓷面砖(200 mm×200 mm)楼地面定额分项工程的工料单价。

第四章　企业定额

【知识目标】

(1)了解企业定额的概念、性质和特点;

(2)了解企业定额的构成及表现形式、作用;

(3)掌握企业定额的编制原则与依据;

(4)掌握企业定额的编制内容、方法与步骤;

(5)了解企业定额的内容。

【技能目标】

(1)具有企业定额的指标确定能力;

(2)具有企业定额的应用能力。

【素质目标】

(1)具有良好的职业道德和诚信品质;

(2)具有较强的敬业精神和责任意识;

(3)具有较好的团队协作能力;

(4)具有较好的吃苦耐劳、实干创新精神。

第一节　企业定额概述

一、企业定额的概念

企业定额是指建筑安装企业根据本企业自身的技术水平和管理水平,所确定的完成单位合格产品所需人工、机械、材料消耗的数量和费用标准。企业定额反映了企业的施工水平、装备水平和管理水平,是考核建筑安装企业劳动生产率水平、管理水平的标尺,确定工程成本、投标报价的依据。

工程量清单计价方法实施的关键在于企业的自主报价,企业运用自己的企业定额资料确定工程量清单中的报价、人工消耗、材料消耗、机械种类和消耗、管理费用的构成等各项指标,才能表现自己企业施工和管理上的个性特点,在投标报价中增强竞争力。因此,企业定额体系的建立是推行工程量清单计价的重要工作。

二、企业定额的性质及特点

(一)企业定额的性质

企业定额是建筑安装企业内部管理的定额,从性质上看,企业定额是施工定额的异称。

企业定额影响范围涉及企业内部管理的各个方面,包括企业生产经营活动的计划、组织、协调、控制和指挥等各个环节。企业定额应根据本企业的具体条件和可挖掘的潜力、市场的需求和竞争环境,根据国家有关政策、法律、规章制度,编制自己的定额,自行决定定额的水平，允许同类企业和同一地区之间的企业之间存在定额水平的差距。

（二）企业定额的特点

（1）定额中工、料、机消耗量要比社会的平均水平低，以体现其先进性；

（2）可以体现本企业在某些方面的技术优势和管理优势；

（3）可以体现本企业在定额执行期内的综合生产能力水平；

（4）所有匹配的单价都是动态的，具有市场性；

（5）与施工方案（施工组织设计）能全面接轨。

三、企业定额的构成与表现形式

企业定额的构成及表现形式因企业的性质不同、取得资料的详细程度不同、编制目的不同、编制方法不同而不同。其构成及表现形式主要有以下几种：

（1）企业人工定额；

（2）企业材料消耗定额；

（3）企业机械台班使用定额；

（4）企业施工定额；

（5）企业定额估价表；

（6）企业定额标准；

（7）企业产品出厂价格；

（8）企业机械台班租赁价格。

四、企业定额的作用

企业定额的作用是通过企业的内部管理和外部经营活动体现出来的。如何发挥企业定额在内部管理和外部经营活动中以最少的劳动与物质资源的消耗获得最大的效益，是施工企业在激烈的市场竞争中能否占领市场、掌握市场主动权的关键所在。

企业定额所规定的消耗量指标，是企业资源优化配置的反映，是本企业管理水平与人员素质和企业精神的体现。在以提高产品质量、缩短工期、降低产品成本和提高劳动生产率为核心的企业经营与管理中，强化企业定额的管理，实行有定额的劳动，永远是企业立于不败之地的重要保证。因此，在企业组织资源进行施工生产和经营管理时，企业定额应发挥的作用有以下几点：

（一）企业定额是企业计划管理的依据

企业定额在企业计划管理方面的作用，表现在它既是企业编制施工组织设计的依据，也是企业编制施工作业计划的依据。

施工组织设计是指导拟建工程进行施工准备和施工生产的技术经济文件，其基本任务是根据招标文件及合同协议的规定，确定出经济、合理的施工方案，在人力和物力、时间和空间、技术和组织上对拟建工程做出最佳的安排。施工作业计划则是根据企业的施工计划、拟建工程的施工组织设计和现场实际情况编制的。这些计划的编制必须以施工定额为依据。因为施工组织设计包括三个方面的内容：资源需用量、使用这些资源的最佳时间安排和平面规划。施工中实物工作量和资源需用量的计算均需以施工定额的分项和计量单位为依据。施工作业计划是施工单位计划管理的中心环节，编制时也要用施工定额进行劳动力、施工机械和运输力量平衡，计算材料、构件等分期需用量和供应时间，计算实物工程量和安排施工形象进度。

（二）企业定额是组织和指挥施工生产的有效工具

企业组织和指挥施工班组进行施工，是按照作业计划通过下达施工任务单和限额领料单来实现的。

施工任务单既是下达施工任务的技术文件，也是班、组经济核算的原始凭证。它列出了应完成的施工任务，也记录着班组实际完成任务的情况，并且可据此进行班组工人的工资结算。施工任务单上的工程计量单位、产量定额和计件单位，均需取自施工企业定额。

限额领料单是施工队随任务单同时签发的领取材料的凭证，这一凭证是根据施工任务和施工企业定额中的材料定额填写的。其中领料的数量是班组为完成规定的工程任务消耗材料的最高限额，这一限额也是评价班组完成任务情况的一项重要指标。

（三）企业定额有利于推广先进技术

企业定额水平包含着某些已成熟的先进的施工技术和经验，工人要达到和超过定额，就必须掌握和运用这些先进技术，如果工人要想大幅度超过定额，他就必须创造性地劳动。第一，在自己的工作中，注意改进工具和改进技术操作方法，注意原材料的节约，避免原材料和能源的浪费。第二，施工定额中往往明确要求采用某些先进的施工工具和施工方法，所以贯彻施工定额也就意味着推广先进技术。第三，企业为了推行施工定额，往往要组织技术培训，以帮助工人能达到和超过定额。技术培训和技术表演等方式也都可以大大普及先进技术和先进操作方法。

（四）企业定额是计算劳动报酬、实行按劳分配的依据

目前，施工企业内部推行了多种形式的承包经济责任制，但无论采取何种形式，计算承包指标或衡量班组的劳动成果都要以施工定额为依据。完成定额情况好，劳动报酬就多，达不到定额，劳动报酬就少。这样，工人的劳动成果和报酬直接挂钩，体现了按劳分配的原则。

（五）企业定额是施工企业进行工程投标、编制工程投标报价的基础和主要依据

企业定额能够反映企业施工生产的技术水平和管理水平，在确定工程投标报价时，首先根据企业定额计算出施工企业拟完成投标工程需要发生的计划成本；在掌握工程成本的基础上，再根据所处的环境和条件，确定在该工程上拟获得的利润、预计的工程风险费用和其他应考虑的因素，从而确定报价。因此，企业定额是施工企业编制计算投标报价的基础。

（六）企业定额是编制施工预算，加强企业成本管理的基础

施工预算是施工单位用以确定单位工程上人工、材料、机械的资金需要量的计划文件。施工预算以企业定额为编制基础，既要反映设计图纸的要求，也要考虑在现有条件下可能采取的节约人工、材料和降低成本的各项具体措施。这就能够有效地控制施工中人力、物力的消耗，节约成本开支。

施工中人工、材料和机械的费用，是构成工程成本中直接费用的主要内容，对间接费用的开支也有着很大的影响，严格执行施工定额不仅可以起到控制成本、降低费用开支的作用，同时也可为企业加强班组核算和增加盈利等企业成本管理工作创造良好的条件。

（七）企业定额是编制预算定额和补充单位估价表的基础

预算定额的编制要以企业定额为基础。以企业定额的水平作为确定预算定额水平的基

础，不仅可以免除测定定额水平的大量繁琐的工作，而且可以使预算定额符合施工生产和经营管理的实际水平，并保证施工中的人力、物力消耗能够得到足够补偿。企业定额作为编制补充单位估价表的基础，是指由于新技术、新结构、新材料、新工艺的采用而预算定额中缺项时，以及编制补充预算定额和补充单位估价表时，要以企业定额作为基础。

第二节 企业定额的编制原则和依据

一、企业定额的编制原则

(一)坚持实是求是的原则

企业定额应本着实是求是的原则，结合企业经营管理的特点，确定工、料、机各项消耗的数量，对影响造价较大的主要常用项目，应该考虑多种施工组织形式，从而使定额在运用上更贴近实际、技术上更先进、经济上更合理，使工程单价真实反映企业个别成本。

(二)平均先进原则

平均先进是就定额水平而言。定额水平，是指规定消耗在单位产品上的劳动、材料和机械数量的多少。也可以说，它是按照一定施工程序和在一定工艺条件下规定的施工生产中活劳动和物化劳动的消耗水平。所谓平均先进原则，就是在正常的施工条件下，大多数施工队组和大多数生产者经过努力能够达到和超过的水平。

企业定额应以企业平均先进水平为基准，使多数单位和员工经过努力能够达到或超过企业平均先进水平，以保持定额的先进性和可行性。

贯彻平均先进原则，首先要考虑那些已经成熟并得到推广的先进技术和先进经验。但对于那些尚不成熟，或已经成熟但尚未普遍推广的先进技术，暂时还不能作为确定定额水平的依据。其次，对于原始资料和数据要加以整理，剔除个别的、偶然的、不合理的数据，尽可能使计算数据具有实践性和可靠性。第三，要选择正常的施工条件、行之有效的技术方案、组织合理的操作方法作为确定定额水平的依据。第四，从实际出发，综合考虑影响定额水平的有利和不利因素(包括社会因素)，这样才不至于使定额水平脱离现实。

(三)动态管理的原则

建筑市场行情瞬息万变，企业的技术水平和管理水平也在不断地更新，不同的工程，在不同的时候，都有不同的价格，因此企业定额的编制还要遵循动态管理的原则。

(四)简明适用的原则

简明适用，是就定额的内容和形式要便于定额的贯彻和执行。简明适用的原则，要求施工定额内容要能满足组织施工生产和计算工人劳动报酬等多种需要。同时，又要简单明了，容易掌握，便于查阅、计算、携带。

定额的简明性和适用性，是既有联系又有区别的两个方面。编制施工定额时应全面加以贯彻。当两者发生矛盾时，定额的简明性应服从适用性的要求。

贯彻定额的简明适用性原则，关键是做到定额项目设置完全，项目划分粗细适当。定额项目的设置是否齐全完备，对定额的适用性影响很大。划分施工定额项目的基础是工作过程或施工技术。不同性质、不同类型的工作过程或工作，都应分别反映在各个施工定额的项目中。即使是次要的，也应在说明、备注和系数中反映出来。

为了保证定额项目齐全，首先要加强基础资料的日常积累，尤其应注意收集和分析各项补充定额资料；其次，注意补充反映新结构、新材料、新技术的定额项目；第三，处理淘汰定额项目要持谨慎态度。

（五）量价分离、少留活口的原则

企业定额编制应该尽量减少使用时的调整，量价关联、活口过多都会增加调整的机会，不仅给定额的使用带来麻烦，更主要的是会导致成本测算差异太大，不能有效地起到预测和控制作用。

（六）时效性原则

企业定额是一定时期内技术发展和管理水平的反映，所以在一段时期内会表现出稳定的状态。这种稳定性又是相对的，它还有更显著的时效性。当企业定额不再适应市场竞争和成本监控的需要时，它就要重新编制和修订，否则就会挫伤群众的积极性，甚至产生负面效应。

（七）与施工方案全面接轨的原则

企业定额区别于行业定额或政府定额的一个主要特征和优势就在于此。行业和政府定额因其适用范围比企业定额大，为了避免理解和使用的混乱，大多数定额强调通用性，损失了定额的针对性，企业定额在条目设置上应尽量实现能与施工方案全面配套的功能，使企业定额的运用更加具有针对性，更加符合实际情况。

（八）保密原则

企业定额的指标体系及标准要严格保密。建筑市场强手林立，竞争激烈。就企业现行的定额水平而言，工程项目在投标中如被竞争对手获取，会使本企业陷入十分被动的境地，给企业带来不可估量的损失。所以，企业要有自我保护意识和相应的加密措施。

（九）以专家为主编制定额的原则

编制施工定额，要以专家为主，这是实践经验的总结。企业定额的编制要求有一支经验丰富、技术与管理知识全面、有一定政策水平的稳定的专家队伍，这一点非常重要。

（十）独立自主的原则

施工企业作为具有独立法人地位的经济实体，应根据企业的具体情况和要求，结合政府的技术政策和产业导向，以企业盈利为目标，自主制定企业定额。贯彻这一原则有利于企业自主经营；有利于执行现代企业制度；有利于施工企业摆脱过多的行政干预，更好地面对建筑市场竞争的环境；也有利于促进新的施工技术和施工方法的采用。

二、企业定额的编制依据

（一）现有定额资料及其编制说明

现有定额包括近期和现行的预算定额（消耗量定额）的结构形式、子目的设置、章节的划分、工程量计算规则的规定、定额项目的综合工作内容和工、料、机消耗数量等，是编制企业定额的参考依据。现行的人工定额是编制定额补充项目的依据。定额的编制说明（交底资料）中含有大量的定额编制的基础数据，工、料、机消耗量确定公式，定额综合内容的综合比例，这些资料是编制企业定额的重要参考资料。

（二）新材料、新结构、新工艺施工项目的现场资料

在投标报价过程中，拟建工程可能出现一些新材料、新结构、新工艺施工的项目。这些项目，对于中标者应注意搜集施工过程中实际发生的工、料、机消耗的资料，并加以分析，逐步形成补充定额；对于未中标者，则应注意搜集有关的书面资料，譬如施工过程、技术要求、劳动组织、技术装备等，为将来投标报价中再出现这些项目时能够报出有竞争力价格做准备。

（三）企业内部各相关部门的管理资料和依据

包括劳动生产部门、财务部门的工资总额、平均人数，材料部门的各类材料的采购价格、运费的发生情况，机械管理部门的机械折旧情况和租赁机械的价格。

（四）计划统计部门定时测算的工程造价指标

第三节　企业定额编制的内容、方法与步骤

一、企业定额编制的内容

（1）形式上企业定额编制的内容包括编制方案、总说明、工程量计算规则、定额项目划分、定额水平的测定（工、料、机消耗水平和管理成本费的测算和制定）、定额水平的测算（类似工程的对比测算）、定额编制基础资料的整理归类和编写。

（2）按《建设工程工程量清单计价规范》（GB50500—2013）要求编制的内容有：

1）工程实体消耗定额，规定构成工程实体的分部（项）工程的工、料、机的定额消耗量。其中，人工消耗量要根据本企业工人的操作水平确定；材料消耗量不仅包括施工材料的净消耗量，还应包括施工损耗；机械消耗量应考虑机械的摊销率。

2）措施性消耗定额，规定有助于工程实体形成的临时设施、技术措施等的定额消耗量，既有为保证工程正常施工所采用的措施的消耗，包括模板的选择、配置与周转，脚手架的合理使用与搭拆及各种机械设备的合理配置等，也有根据工程当时当地的情况以及施工经验采取的合理配置措施的消耗。

3）由计费规则、计价程序有关规定及相关说明组成的编制规定。在规定中一般要体现出施工准备、组织施工生产和管理所需的各项费用标准，包括企业管理人员工资、各种基金、保险费、办公费、工会经费、财务费用、经常费用等。

二、企业定额的编制方法

（一）经验统计法

1.经验统计法的概念

经验统计法是运用抽样统计的方法，从以往类似工程施工竣工结算资料、典型设计图纸资料及成本核算资料中抽取若干个项目的资料，进行分析、测算及定量的方法。

2.经验统计法的要求

运用这种方法，首先要建立一系列数学模型，对以往不同类型的样本工程项目成本降低情况进行统计、分析，然后得出同类型工程成本的平均值或平均先进值。由于典型工程的经

验数据权重不断增加，使其统计数据资料越来越完善、真实、可靠。这种方法只要正确确定基础类型，然后对号入座即可。

3. 经验统计法的特点

此方法的特点是积累过程长、统计分析细致，但使用时简单易行、方便快捷。缺点是模型中考虑的因素有限，而工程实际情况则要复杂得多，此法对各种变化情况的需要不能一一适应，准确性不够，因此这种方法对设计方案较规范的一般住宅民用建筑工程的常用项目的人、材、机消耗及管理费测定较适用。

（二）现场观察测定法

1. 现场观察测定法的概念

现场观察测定法是我国多年来专业测定定额的方法。它以研究工时消耗为对象，以观察测时为手段，通过密集抽样和粗放抽样等技术进行直接的时间研究，从而确定人工消耗和机械台班定额水平。

2. 现场观察测定法的特点

此法的特点是能够把现场工时消耗情况和施工组织技术条件联系起来加以观察、测时、计量和分析，以获得该施工过程的技术组织条件和工时消耗的有关技术根据的基础资料，它不仅能为制定定额提供基础数据，而且也能为改善施工组织管理、改善工艺过程和操作方法、消除不合理的工时损失和进一步挖掘生产潜力提供依据。

此法技术简便、应用面广且资料全面，适用于影响工程造价大的主要项目及新技术、新工艺、新施工方法项目的劳动力消耗和机械台班水平的测定。这里要强调的是劳动消耗中要包含人工幅度差的因素，至于人工幅度差考虑多少，是低于现行预算定额水平还是进行不同的取值，由企业在实践中探索确定。

（三）定额换算法

1. 定额换算法的概念

定额换算法是按照工程预算的计算程序计算出造价，分析出成本，然后根据具体工程项目的施工图纸、现场条件和企业劳务、设备及材料储备状况，结合实际情况对定额水平进行调增或调减，从而确定工程实际成本的方法。在各施工单位企业定额尚未建立的今天，采用这种定额换算的方法建立部分定额水平不失为一条捷径。

2. 定额换算法的特点

这种方法在假设条件下把变化的条件罗列出来进行适当的增减，既简单易行，又相对准确，是补充企业一般工程项目人、材、机和管理费标准的较好方法之一，不过这种方法制定的定额水平要在实践中得到检验和完善。

三、企业定额的编制步骤

（一）制定《企业定额编制计划书》

《企业定额编制计划书》一般包括以下内容：

（1）企业定额编制的目的。企业定额编制的目的一定要明确，因为编制目的决定了企业定额的适用性，同时也决定了企业定额的表现形式。例如，企业定额的编制目的如果是为了控制工耗和计算工人劳动报酬，应采取人工定额的形式；如果是为了企业进行工程成本核算，以及为企业走向市场参与投标报价提供依据，则应采用施工定额或定额估价表的形式。

(2)定额水平的确定原则。企业定额水平的确定，是企业定额能否实现编制目的的关键。定额水平过高，背离企业现有水平，使企业内多数施工队、班组、工人通过努力仍然达不到定额水平，不仅不利于定额在本企业推行，还会挫伤管理者和劳动者双方的积极性；定额水平过低，起不到鼓励先进和督促落后的作用，而且对项目成本核算和企业参与市场竞争不利。因此，在编制计划书时，必须对定额水平进行确定。

(3)确定编制方法和定额形式。定额的编制方法很多，对不同形式的定额，其编制方法也不相同。例如，人工定额的编制方法有技术测定法、统计分析法、类比推算法、经验估算法等；材料消耗定额的编制方法有观察法、试验法、统计法等。因此，定额编制究竟采取哪种方法应根据具体情况而定。企业定额编制通常采用的方法一般有两种：定额测算法和方案测算法。

(4)拟成立企业定额编制机构，提交参编人员名单。企业定额的编制工作是一个系统性的工程，它需要一批高素质的专业人才在一个高效率的组织机构统一指挥下协调工作，因此，在定额编制工作开始时，必须设置一个专门的机构，配置一批专业人员。

(5)明确应收集的数据和资料。定额在编制时要搜集大量的基础数据和各种法律、法规、标准、规程、规范文件、规定等，这些资料都是定额编制的依据。所以，在编制计划书时，要制定一份按门类划分的资料明细表。在明细表中，除一些必须采用的法律、法规、标准、规程、规范资料外，还应根据企业自身的特点，选择一些能够取得适合本企业使用的基础性数据资料。

(6)确定工期和编制进度。定额的编制是为了使用，具有时效性，所以，应确定一个合理的工期和进度计划表，这样既有利于编制工作的开展，又能保证编制工作的效率和效益。

(二)搜集资料并进行调查、分析、测算和研究

应搜集的资料包括以下内容：

(1)现行定额，包括基础定额和预算定额、工程量计算规则；

(2)国家现行法律、法规、经济政策和劳动制度等与工程建设有关的各种文件；

(3)有关建筑安装工程的设计规范、施工及验收规范、工程质量检验评定标准和安全操作规程；

(4)现行全国通用建筑标准设计图集、安装工程标准安装图集、定型设计图纸、具有代表性的设计图纸、地方建筑配件通用图集和地方结构构件通用图集，并根据上述资料计算工程量，作为编制定额的依据；

(5)有关建筑安装工程的科学实验、技术测定和经济分析数据；

(6)高新技术、新型结构、新研制的建筑材料和新的施工方法等；

(7)本企业近几年所采用的主要施工方法；

(8)本企业近几年发布的合理化建议和技术成果；

(9)本企业近几年各工程项目的施工组织设计、施工方案，以及工程结算资料；

(10)本企业目前所拥有的机械设备状况和材料库存状况；

(11)现行人工工资标准和地方材料预算价格；

(12)现行机械效率、寿命周期和价格，机械台班租赁价格行情；

(13)本企业近几年各工程项目的财务报表、公司财务总报表以及历年收集的各类经济数据；

（14）本企业目前的工人技术素质、构成比例、家庭状况和收入水平。

资料收集完成后，要对上述资料进行分类整理、分析、对比、研究和综合测算，提取可供使用的各种技术数据。内容包括：企业整体水平与定额水平的差异，现行法律、法规，以及规程规范对定额的影响，新材料、新技术对定额水平的影响等。

（三）拟定编制企业定额的工作方案和计划

编制企业定额的工作方案和计划包括以下内容：
（1）根据编制目的，确定企业定额的内容及专业划分；
（2）确定具体参编人员的工作内容、职责、要求；
（3）确定企业定额的结构形式及步距划分原则；
（4）确定企业定额的册、章、节的划分和内容的框架。

（四）编制企业定额的初稿

企业定额初稿的编制包括以下步骤及内容：

1. 确定企业定额的定额项目及其内容

企业定额项目及其内容的编制，就是根据定额的编制目的及企业自身的特点，本着内容简明适用、形式结构合理、步距划分合理的原则，将一个单位工程按工程性质划分为若干个分部工程，如土建工程的土石方工程、桩基础工程等。然后将分部工程划分为若干个分项工程，如土石工程划分为人工挖土方、淤泥、流砂，人工挖沟槽、基坑，人工挖孔桩等分项工程。最后，确定分项工程的步距，并根据步距对分项工程进一步地详细划分为具体项目，步距参数的设定一定要合理，既不应过粗，也不应过细。如可根据土质和挖掘深度作为步距参数，对人工挖土方进行划分。同时应对分项工程的工作内容做简明扼要的说明。

2. 确定企业定额的计量单位

分项工程计量单位的确定一定要合理，设置时应根据分项工程特点，本着准确、贴切、方便计量的原则设置。定额的计量单位包括自然计量单位，如台、套、个、件、组、樘等，国际标准计量单位，如 m、km、m^2、m^3、kg、t 等。一般来说，当实物体的三个度量都会发生变化时，采用 m^3 为计量单位，如土方、混凝土、保温层等；如果实物体的三个度量中有两个不固定，采用 m^2 为计量单位，如地面、抹灰、油漆等；如果实物体截面积形状大小固定，则采用 m 为计量单位，如管道、电缆、电线等；不规则形状的，难以度量的则采用自然计量单位或质量单位为计量单位。

3. 确定企业定额指标

确定企业定额指标是企业定额编制的重点和难点。企业定额指标的编制，应根据企业采用的施工方法、新材料的替代以及机械装备的装配和管理模式，结合搜集整理的各类基础资料进行确定。确定企业定额指标包括确定人工消耗指标、确定材料消耗指标、确定机械台班消耗指标。

4. 编制企业定额项目表

分项工程的人工、材料、机械台班的消耗量确定后，随之即可编制企业定额项目表。具体地说，就是编制企业定额项目表中的各项内容。

企业定额项目表是企业定额的主体部分，它由表头栏和人工栏、材料栏、机械栏组成。表头部分用以表达各分项工程的结构形式、材料做法和规格档次等；人工栏是以工种表示的消耗的工日数及合计；材料栏是按消耗的主要材料和消耗性材料依主次顺序分列出的消耗量；机械栏是按机械种类和规格型号分别列出的机械台班使用量。

5. 编排企业定额的项目

定额项目表，是按分部工程归类，按分项工程子目编排的一些项目表格。也就是说，按施工的程序，遵循章、节、项目和子目等顺序编排。

定额项目表中，大部分以分部工程为章，把单位工程中性质相近且材料大致相同的施工对象编排在一起。每章(分部工程)中，按工程内容、施工方法和使用的材料类别的不同，分成若干节(分项工程)。在每节(分项工程)中，可以分成若干项目，在项目下边，还可以根据施工要求、材料类别和机械设备型号的不同，细分成不同子目。

6. 编制企业定额相关项目说明

企业定额相关项目说明包括前言、总说明、目录、分部(或分章)说明、建筑面积计算规则、工程量计算规则、分项工程工作内容等。

7. 编制企业定额估价表

企业根据投标报价工作的需要，可以编制企业定额估价表。企业定额估价表是在人工、材料、机械台班三项消耗量的企业定额的基础上，用货币形式表达每个分项工程及其子目的定额单位估价计算表格。企业定额估价表的人工、材料、机械台班单价是通过市场调查，结合国家有关法律文件及规定，按照企业自身的特点来确定的。

第四节　企业定额的编制范围及部门分工

一、企业定额的编制范围

企业定额的编制范围应该是本企业已经施工过的工程项目。考虑到企业发展的需要，并且借鉴和参考行业和政府定额，还要编制部门与企业未来生产方向相关的定额，以适应企业管理的需要。

二、企业定额编制的部门分工

企业定额编制的部门包括总经济师、经营部、工程部、财务部、各项目经理部。各部门分工如下：

1. 总经济师

负责全面主持定额编制工作，编写《企业定额编制办法》、定额总说明，审定编制施工模型方案，确定定额编制范围、内容、步距、深度，确定数据库格式，协调各编制部门之间的配合工作，会同副总经理确定定额编制成果，并参与经营部工作。

2. 经营部

负责确定定额计算方法，计算定额资源消耗数量、推销数量，确定相关材料价格、机械价格，测算新编企业定额水平，完成全部定额编制文稿，建立相应的定额消耗量库、材料库、机械台班库。

3. 工程部

负责采集和整理现场相关资料，编制施工定额，确定合理工期，安排相应的劳动力、机械、临时设施、措施项目等，提供详细的机械相关参数、工序时间参数，编写定额工程量计算规则。

4.财务部

主要负责对项目现场管理费用定额的编制,分析整理历年公司施工管理费用资料,按定额步距分批形成费用定额。

5.项目经理部

主要负责提供现场资料,按公司企业定额编制组提出的要求收集本项目实际生产资料,包括资源消耗情况、劳动力分布、机械使用、能耗,同时应对收集资料的状况(环境)进行详细描述。

第五节　企业定额编制示例及应用

一、企业定额的参考表式

企业实体消耗定额内容包括:总说明,册说明,章说明,工程量计算规则、分项工程工作内容,定额计量单位,定额代码,定额名称,人工、材料、机械的编码、名称、消耗量及其市场价,定额标号等。表4-1、表4-2为某企业定额表式。

表4-1　现浇混凝土基础

工作内容:混凝土水平运输、搅拌、浇捣、养护等。　　　　　　　　　　　　　计量单位:10 m³

定额编号					4-1	4-2	4-3	4-4
项目			单位	单价	带形基础		独立基础	
					毛石混凝土	混凝土	毛石混凝土	混凝土
预算价格			元	—	1233.18	1346.57	1205.44	1443.19
其中	人工费		元	—	142.95	160.27	147.22	155.33
	材料费		元	—	991.58	1071.54	965.86	1072.1
	机械费		元	—	98.65	114.26	92.36	114.76
人工	R9	混凝土工	工日	23.15	4.30	4.91	4.45	4.74
	R1	普通工	工日	20.00	2.17	2.33	2.21	2.28
材料	P412	C15~40碎石	m³	104.27	8.63	10.15	8.12	10.15
	C6294	草袋	m³	1.85	2.27	2.17	2.76	2.83
	C1725	片石(毛石)	m³	28.67	2.74	—	3.65	—
	C5734	工程用水	m³	2.75	3.26	3.34	3.43	3.46
机械	J282	混凝土搅拌机400 L	台班	93.11	0.27	0.31	0.25	0.31
	J499	混凝土振捣器(插入式)	台班	11.44	0.53	0.63	0.5	0.63
	J243	机动翻斗车	台班	102.2	0.66	0.77	0.62	0.77

表 4 - 2 现浇构件钢筋工程

工作内容：钢筋配制、绑扎、安装。

计量单位：t

定额编号				6 - 5	6 - 6	6 - 7	6 - 8
项目		单位	单价	现浇混凝土构件			
				φ14	φ16	φ18	φ20
预算价格		元	—	2554.23	2594.49	2482.12	2456.16
其中	人工费	元	—	191.05	190.50	176.05	159.75
	材料费	元	—	2309.04	2321.31	2234.34	2235.56
	机械费	元	—	54.14	82.68	71.73	60.85
人工	R17	钢筋工	工日	27.5	5.10	2.54	4.70	4.26
	R1	普通工	工日	20.00	2.54	5.08	2.34	2.13
材料	C4	圆钢 14	kg	2.18	1050.00	—	—	—
	C5	圆钢 16	kg	2.18	—	1050.00	—	—
	C6	圆钢 18	kg	2.18	—	—	1010.00	—
	C7	圆钢 20	kg	2.18	—	—	—	1010.00
	C323	镀锌铁丝 0.7 mm(22 号)	kg	3.74	3.39	2.6	2.05	1.67
	C3295	电焊条/结 422	kg	3.68	2.00	5.98	6.63	7.37
	C5734	工程用水	m³	2.75	—	0.21	0.17	0.14
机械	J320	钢筋调直机 φ14	台班	38.88	0.21	0.17	—	—
	J321	钢筋切断机 φ40	台班	39.52	0.11	0.11	0.11	0.11
	J322	钢筋弯曲机 φ40	台班	23.99	0.42	0.42	0.35	0.35
	J425	直流电焊机功率 30 kW	台班	105.15	0.30	0.41	0.42	0.34
	J430	对焊机容量 75 kW	台班	123.51	—	0.15	0.12	0.10

企业工期定额内容包括：总说明、建筑面积计算规范、每章节说明、工期计算规则、结构类型、计量单位、定额编号、项目名称、施工天数等。表 4 - 3 为某企业工期定额表式。

表 4 – 3 ±0.000 m 以上综合楼工程

编号	结构类型	层数	建筑面积(m²)	施工天数(d)	
				总工期	其中：结构
1 – 358			15000 以内	330	120
1 – 359			20000 以内	340	135
1 – 360		18 层以下	25000 以内	350	150
1 – 361			30000 以内	370	170
1 – 362			30000 以外	390	190
1 – 363			15000 以内	360	125
1 – 364			20000 以内	370	140
1 – 365		20 层以下	25000 以内	390	155
1 – 366			30000 以内	410	175
1 – 367			30000 以外	430	200
1 – 368	框架结构		15000 以内	390	135
1 – 369			20000 以内	400	150
1 – 370		22 层以下	25000 以内	415	170
1 – 371			30000 以内	430	190
1 – 372			30000 以外	460	210
1 – 373			20000 以内	420	160
1 – 374			25000 以内	440	180
1 – 375		24 层以下	30000 以内	470	210
1 – 376			30000 以外	500	240
1 – 377			20000 以内	440	170
1 – 378			25000 以内	460	190
1 – 379		26 层以下	30000 以内	490	220
1 – 380			30000 以外	520	250

二、企业定额编制实例

以某企业定额 φ8 钢筋制安工程项目编制为例。

(一)编制依据

1. 参考 1985 年《全国建筑安装工程统一劳动定额》及《全国建筑安装工程统一劳动定额编制说明》。

2. 参照 1995 年《全国统一建筑工程基础定额》有关资料。

3.企业内部实测数据。

(二)施工方法

1.施工现场统一配料,集中加工,配套生产,流水作业。

2.机械制作:系指在一个工地有调直机或卷扬机、切断机、弯曲机全部机械设备者;

(1)平直:采用调直机调直或卷扬机拉直(冷拉);

(2)切断:采用切断机;

(3)弯曲:采用弯曲机,钢筋弯曲程度以弯曲钢筋占构建钢筋总量的60%为准。

3.绑扎采用一般工具、手工操作。

4.原材料及半成品的水平运输,用人力或双轮车搬运。机械垂直运输不分塔吊、机吊,半成品用人力或机械配合运输。

(三)工作内容

1.钢筋制作

(1)平直:包括取料、解捆、开拆、平直(调直、拉直)及钢筋必要的切断、分类堆放到指定地点及30 m以内的原材料搬运等(不包括过磅);

(2)切断:包括配料、画线、标号、堆放及操作地点的材料取放和清理钢筋头等;

(3)弯曲:包括放样、画线、弯曲、捆扎、标号、垫棱、堆放、覆盖以及操作地点30 m以内材料和半成品的取放。

2.钢筋制绑

(1)清理模板内杂物、木屑、烧、断铁丝;

(2)按设计要求绑扎成型并放入模内,捣制构件除混凝土另有规定外,均负责安放垫块等;

(3)捣制构件包括搭拆施工高度在3.6 m以内的简单架子;

(4)地面60 m的水平运输和取放半成品,捣制构件并包括人力一层和机械六层(或高20 m)以内的垂直运输,以及建筑物底层和楼层的全部水平运输。

(四)工料机消耗量计算和有关说明

1.人工消耗量计算和说明

(1)除锈:按钢筋总重量的25%计算。除锈用工计算以劳动定额为基础综合计算,见表4-4。

表4-4 $\phi 8$ 钢筋除锈用工消耗量计算表

单位:t

施工工序名称	数量	劳动定额		工日数(工日)
		工种	时间定额	
$\phi 8$ 钢筋除锈	0.25	钢筋工	2.94	0.735

注:时间定额详见《全国建筑安装工程统一劳动定额编制说明》附录二。

(2)平直:按机械平直100%计算,用工详见《全国建筑安装工程统一劳动定额编制说明》附录一时间定额取定 1.19 工日/吨。

（3）钢筋切断用工计算以劳动定额为基础，按企业内部调查资料确定的综合权数综合计算，见表4-5。

表4-5　现浇构件钢筋切断用工消耗量计算表

单位：t

钢筋直径	劳动定额	钢筋长度在(m)以内						综合取定
		1	2	3	4	5	6	
φ8	时间定额	0.704	0.528	0.433	0.376	0.380	0.316	0.525
	内部综合权数	20	50	15	10	3	2	

（4）现浇构件钢筋弯曲用工以劳动定额为基础，按企业内部调查资料确定的综合权数综合计算，见表4-6。

表4-6　现浇构件钢筋弯曲用工消耗量计算表

单位：t

钢筋直径	项　目 弯头在(2、6、8)个以内		钢筋长度在(m)以内					综合（一）	综合权数	综合
			1	2	3	4.5	6			
φ8	机械弯曲	2 时间定额	1.534	0.874	0.703	0.664	0.641	0.821	50	1.27
		2 内部综合权数	10	30	25	25	10			
		6 时间定额	2.988	1.81	1.62	1.408	1.405	1.671	40	
		6 内部综合权数	5	30	30	25	10			
		8 时间定额	4.228	2.532	2.11	1.762	1.688	1.946	10	
		8 内部综合权数	0	10	35	35	20			

（5）φ8 钢筋不同部位绑扎用工以劳动定额为基础，按企业内部调查资料确定的综合权数综合计算，见表4-7。

表4-7　现浇构件绑扎用工消耗量计算表

单位：t

施工工序名称	单位	数量	内部权数（%）	劳动定额			
				定额编号	工种	时间定额	工日
(1)	(2)	(3)	(4)	(5)	(6)	(7)	(8)=(3)×(4)×(7)
地面	t	1.0	5	9-2-37	钢筋	3.03	0.152
墙面	t	1.0	10	9-5-94	钢筋	6.25	0.625
电梯井、通风道	t	1.0	5	9-5-102	钢筋	8.33	0.417

续表 4-7

施工工序名称	单位	数量	内部权数（%）	劳动定额			
				定额编号	工种	时间定额	工日
平板、屋面板（单向）	t	1.0	5	9-6-107	钢筋	4.35	0.218
平板、屋面板（双向）	t	1.0	8	9-6-110	钢筋	5.56	0.445
筒形薄板	t	1.0	2	9-6-114	钢筋	7.14	0.143
楼梯	t	1.0	3.5	9-7-120	钢筋	9.26	3.241
阳台、雨篷等	t	1.0	1.5	9-7-126	钢筋	12.30	1.845
栏板、扶手	t	1.0	3	9-7-129	钢筋	20.00	0.60
暖气沟等	t	1.0	2	9-7-131	钢筋	9.09	0.182
盥洗池、槽	t	1.0	3	9-7-140	钢筋	10.0	0.30
水箱	t	1.0	2	9-7-142	钢筋	6.25	0.125
化粪池	t	1.0	2	9-7-146	钢筋	7.46	0.149
墙压顶	t	1.0	3	9-7-149	钢筋	10.00	0.30
小计							8.72

（6）钢筋成品保护用工：经过实际测定，每吨钢筋取定 0.45 工日。

（7）定额项目人工消耗量计算，见表 4-8。

表4-8 定额项目人工消耗量计算表

单位：t

工作内容			钢筋除锈、制作、绑扎、安装				
操作方法质量要求							
施工操作工序名称及工作量			用工计算	工种	时间定额	工日	
名称	单位	数量					
1	2	3	4	5	6	7=3×6	
劳动力计算	除锈	t	0.25	详见表4-4	钢筋	2.94	0.735
	平直	t	1.00	详见人工消耗计算和说明2	钢筋	1.19	1.19
	切断	t	1.00	详见表4-5	钢筋	0.525	0.525
	弯曲	t	1.00	详见表4-6	钢筋	1.24	1.27
	绑扎	t	1.00	详见表4-7	钢筋	9.268	8.742
	成品保护用工	t	1.00	详见人工消耗计算和说明6	钢筋	0.45	0.45
小计							12.912
人工幅度差10%	1.29		合计			14.2	

2.材料消耗量计算和说明

(1)钢筋绑扎用量的计算

1)材料：22号铁丝

2)依据企业内部多项工程测算综合取定铁丝用量156.28 kg。

3)钢筋绑扎铁丝长度为220 mm/根,见表4-9。

表4-9　钢筋绑扎用22号铁丝消耗量计算表

单位：t

钢筋规格	综合取定钢筋重量(t)	22号铁丝(kg)总用量	每吨钢筋用22号铁丝(kg)
φ8	17.75	156.28	8.8

(2)钢筋用量的计算：根据图纸计算出净用量的基础上,结合企业内部多项工程的实测数据,增加1.5%的损耗为企业定额材料消耗用量。

(3)定额项目材料消耗量计算,见表4-10。

表4-10　定额项目材料消耗量计算表

单位：t

	计算依据或说明					
	名称	规格	单位	计算量	损耗率%	使用量
主要材料	圆钢筋	φ8	t	1.0	1.5	1.015
	镀锌铁丝	22号	kg			8.8

3.机械台班消耗量计算和说明

(1)有关数据

调直机、切断机、弯曲机机械台班使用量=1 t钢筋×(1÷钢筋制作每工产量×小组成员人数)

小组成员人数取定：

平直：调直机　3人；切断：切断机　3人(切断长度6 m)；弯曲：弯曲机　2人

(2)钢筋平直机械台班使用量计算以劳动定额为基础计算,见表4-11。

表4-11　定额项目钢筋平直机械台班使用量计算表

单位：t

预算定额	劳动定额					
钢筋直径	定额编号	单位	每工产量	小组人数	每班产量	台班使用量计算(台班)
φ8	9-17-308(一)	t	0.84	3	2.52	1/2.52=0.40

（3）钢筋切断机机械台班使用量计算以劳动定额为基础计算，见表4-12。

表4-12 定额项目钢筋切断机械台班使用量计算表

单位：t

预算定额	劳动定额					
钢筋直径	定额编号	单位	每工产量	小组人数	每班产量	台班使用量计算（台班）
φ8	9-17-308（二）	t	1.54	3	4.62	1/4.62＝0.22

（4）钢筋弯曲机机械台班使用量计算以劳动定额为基础计算，见表4-13。

表4-13 定额项目钢筋弯曲机械台班使用量计算表

单位：t

预算定额	劳动定额					
钢筋直径	定额编号	单位	每工产量	小组人数	每班产量	台班使用量计算（台班）
φ8	9-17-308（三）	t	1	2	2	1/2×60%＝0.3

注：φ8钢筋弯曲比例按60%计算。

（5）定额项目机械台班消耗量计算，见表4-14。

表4-14 定额项目机械台班消耗量计算表

单位：t

工程内容				钢筋调直、切断、弯曲		
	施工操作			机械名称	台班用量计算	机械使用量（台班）
机械台班计算	工序	数量	单位			
	1	2	3	4	5	6
	钢筋调直	1.0	t	调直机	表4-11	0.40
	钢筋切断	1.0	t	切断机	表4-12	0.22
备注	钢筋弯曲	1.0	t	弯曲机	表4-13	0.30

综上所述，现浇构件φ8钢筋工程工料机消耗量定额见表4-15。

表 4 –15　钢筋工程

工作内容：钢筋配制、绑扎、安装 | 单位：t

定额编号			6 –2
			现浇混凝土构件
项　目	单位	单价	圆钢筋（mm）
			$\phi 8$
预算价格	元		
其中 人工费	元		
材料费	元		
机械费	元		
人工 钢筋工	工日		14.2
材料 圆钢	kg		1015
镀锌铁丝（22 号）	kg		8.80
机械 钢筋调直机	台班		0.40
钢筋切断机	台班		0.22
钢筋弯曲机	台班		0.30

三、企业定额应用

【例 4 –1】　某建筑施工单位通过公开投标承建长沙市某政府办公楼工程，通过计算已知该工程的 $\phi 8$ 钢筋的图示用量为 100 t，试根据企业定额（表 4 –15）完成以下计算：

（1）确定 $\phi 8$ 钢筋配制、绑扎、安装的工、料、机用量。

（2）若已知工、料、机的单价如表 4 –16，试计算 $\phi 8$ 钢筋配制、绑扎、安装所需人工费、材料费、机械费。

表 4 –16　人、材、机单价

名　称	单　价
钢筋工	150 元/工日
$\phi 8$ 钢筋	3000 元/t
镀锌铁丝（22 号）	2500 元/t
钢筋调直机	500 元/台班
钢筋切断机	200 元/台班
钢筋弯曲机	500 元/台班

【解】　（1）确定 $\phi 8$ 钢筋配制、绑扎、安装的工、料、机用量

查表 4 –15 知：

需要钢筋工：14.2 工日/t × 100 t ＝ 1420 工日

需要φ8 钢筋：1015 kg/t×100 t＝101500 kg＝101.5 t

需要镀锌铁丝(22 号)：8.8 kg/t×100 t＝880 kg＝0.88 t

需要钢筋调直机：0.4 台班/t×100 t＝40 台班

需要钢筋切断机：0.22 台班/t×100 t＝22 台班

需要钢筋弯曲机：0.3 台班/t×100 t＝30 台班

(2)计算φ8 钢筋配制、绑扎、安装所需人工费、材料费、机械费

1)人工费：1420×150＝213000(元)

2)材料费：101.5×3000＋0.88×2500＝306700(元)

3)机械费：40×500＋22×200＋30×500＝39400(元)

【例4 -2】　已知某工程采用现浇混凝土带形基础，经计算此工程现浇混凝土带形基础工程量为150 m³，试根据企业定额(表4 -1)完成以下计算：

(1)完成此基础工、料、机的消耗量；

(2)完成此基础所需人工费、材料费、机械费。

【解】

(1)查表4 -1，完成此基础工、料、机的消耗量为：

1)混凝土工：(4.91 工日/10 m³)×150 m³＝73.65 工日

2)普通工：(2.33 工日/10 m³)×150 m³＝34.95 工日

3)C15 -40 碎石：(10.15 m³/10 m³)×150 m³＝152.25 m³

4)草袋：(2.17 m³/10 m³)×150 m³＝32.55 m³

5)水：(3.34 m³/10 m³)×150 m³＝50.1 m³

6)混凝土搅拌机400 L：(0.31 台班/10 m³)×150 m³＝4.65 台班

7)混凝土振捣器(插入式)：(0.63 台班/10 m³)×150 m³＝9.45 台班

8)机动翻斗车：0.77 台班/10 m³×150 m³＝11.55 台班

(2)查表4 -1，完成此基础所需人工费、材料费、机械费为：

1)人工费：(160.27 元/10 m³)×150 m³＝2404.05 元

2)材料费：(1071.54 元/10 m³)×150 m³＝16073.1 元

3)机械费：(114.76 元/10 m³)×150 m³＝1721.4 元

[思考练习题]

一、单选题

1.(　　)反映了企业的施工水平、装备水平和管理水平，是考核建筑安装企业劳动生产率水平、管理水平的标尺和确定工程成本、投标报价的依据。

A.预算定额　　　　B.概算定额　　　　C.企业定额　　　　D.投资估算指标

2.从性质上看，企业定额是(　　)的异称。

A.预算定额　　　　B.概算定额　　　　C.施工定额　　　　D.投资估算指标

3.企业定额定额水平为(　　)。

A.先进水平　　　　B.平均先进水平　　　　C.平均水平　　　　D.低水平

4.一般来说,当实物体的三个度量都会发生变化时,采用(　　)为计量单位,如土方、混凝土、保温层等。

　　A. m³　　　　　　　　B. m²　　　　　　　　C. m　　　　　　　　D. 个或樘

5.企业定额在企业计划管理方面的作用,表现在它既是企业编制(　　)的依据,也是企业编制施工作业计划的依据。

　　A. 施工平面图　　　　B. 施工组织设计　　　C. 施工图　　　　　　D. 招标控制价

6.确定企业定额指标包括确定(　　)、确定材料消耗指标、确定机械台班消耗指标。

　　A. 人工工资单价　　　B. 人工消耗指标　　　C. 材料单价　　　　　D. 机械台单价

7.定额项目表,是按(　　)归类,按分项工程子目编排的一些项目表格。也就是说,按施工的程序,遵循章、节、项目和子目等顺序编排。

　　A. 分部工程　　　　　B. 分项工程　　　　　C. 单位工程　　　　　D. 单项工程

8.企业定额编制时,(　　)负责全面主持定额编制工作,编写《企业定额编制办法》、定额总说明,审定编制施工模型方案,确定定额编制范围、内容、步距、深度,确定数据库格式,协调各编制部门之间的配合工作,会同副总经理确定定额编制成果,并参与经营部工作。

　　A. 经营部　　　　　　B. 总经济师　　　　　C. 财务部　　　　　　D. 企业法人

9.(　　)是在人工、材料、机械台班三项消耗量的企业定额的基础上,用货币形式表达每个分项工程及其子目的定额单位估价计算表格。

　　A. 定额项目表　　　B. 消耗量标准　　　C. 预算定额估价表　　D. 企业定额估价表

10.企业定额的编制主体是(　　)。

　　A. 政府机关　　　　　　　　　　　　　B. 审计部门

　　C. 企业　　　　　　　　　　　　　　　D. 中国建筑工程造价协会

二、多选题

1.企业定额相关项目说明包括:(　　　　　　　　)、总说明、分部(或分章)说明、建筑面积计算规则、分项工程工作内容等。

　　A. 前言　　　　　　　B. 工程量计算规则　　C. 目录　　　　　　　D. 施工图纸

2.企业定额的特点包括(　　　　　　)。

　　A. 定额中工、料、机消耗量要比社会的平均水平低,以体现其先进性

　　B. 可以体现本企业在某些方面的技术优势和管理优势

　　C. 可以体现本企业在定额执行期内的综合生产能力水平

　　D. 所有匹配的单价都是动态的,具有市场性

　　E. 与施工方案(施工组织设计)能全面接轨

3.企业定额的编制方法有(　　　　　　)。

　　A. 现场观察法　　　B. 经验统计法　　　C. 定额换算法

　　D. 统筹法　　　　　E. 头脑风暴法

4.企业定额编制原则有(　　　　　　)。

　　A. 动态管理的原则　B. 时效性原则　　　C. 公开原则　　　　D. 保密原则

5.以下属企业定额的编制依据的有(　　　　　　)。

　　A. 企业内部各相关部门的管理资料和依据

B. 新材料、新结构、新工艺施工项目的现场资料

C. 现有定额资料及其编制说明

D. 专家个人经验

[技能训练题]

1. 已知 φ10 钢筋切断机械台班使用量计算表如表 4 – 17，试确定表中的每班产量和台班使用量。

表 4 – 17　定额项目钢筋切断机械台班使用量计算表

单位：t

预算定额	劳动定额					
钢筋直径	定额编号	单位	每工产量	小组人数	每班产量	台班使用量计算（台班）
φ10	9 – 17 – 308（二）	t	1.5	4		

2. 已知某工程采用现浇混凝土独立基础，经计算此工程现浇混凝土独立基础工程量为 200 m³，试根据企业定额（表 4 – 1）完成以下计算：

(1) 完成此基础工、料、机的消耗量；

(2) 完成此基础所需人工费、材料费、机械费。

第五章　预算定额

【知识目标】

(1)了解预算定额的概念、作用、编制步骤与方法；

(2)了解预算定额的组成内容；

(3)掌握预算定额人工、材料和机械台班消耗指标的确定方法；

(4)掌握预算定额的应用；

(5)了解预算定额的内容。

【技能目标】

(1)具有预算定额的指标确定能力；

(2)具有熟练应用预算定额计算直接工程费及人工、材料的消耗量的能力。

【素质目标】

(1)具有良好的职业道德和诚信品质；

(2)具有较强的敬业精神和责任意识；

(3)具有较好的团队协作能力；

(4)具有较好的吃苦耐劳、实干创新精神。

第一节　预算定额概述

一、预算定额的概念

预算定额是指在正常合理的施工条件下，完成一定计量单位的质量合格的分项工程或结构构件所需的人工、材料和机械台班消耗的数量标准。预算定额反映了在完成规定计量单位符合设计标准和施工及验收规范要求的分项工程消耗的劳动和物化劳动的数量限度。这种限度决定了单项工程和单位工程的成本和造价。

预算定额由国家主管机关或被授权单位组织编制并颁发执行，现行预算定额和相应费用定额在其执行范围内具有相应的权威性，保证了在定额适用范围内，建筑工程有了统一的造价与核算尺度，成为建设单位和施上单位间建立经济关系的重要基础。

二、预算定额的分类

建筑工程预算定额按不同专业性质、管理权限和执行范围及构成生产要素的不同进行分类。

(1)按专业性质分，预算定额有建筑工程定额和安装工作定额两大类。建筑工程预算定额按专业对象又可以分为建筑工程预算定额、市政工程预算定额、铁路工程预算定额、公路工程预算定额、房屋修缮工程预算定额、矿山井巷预算定额等。

安装工程预算定额按专业对象又分为电气设备安装工程预算定额、机械设备安装工程预算定额、通信设备安装工作定额、化学工业设备安装工程预算定额、工业管道安装工程预算定额、工艺金属结构安装工程预算定额、热力设备安装工程预算定额等。

（2）从管理权限和执行范围分，预算定额可分为全国统一定额、行业统一定额和地区统一定额等。

（3）预算定额按生产要素可分成劳动定额、机械定额和材料消耗定额，但它们相互依存形成一个整体，作为编制预算定额依据，各自不具有独立性。

三、预算定额的作用

（一）预算定额是编制施工图预算、确定和控制建筑安装工程造价的基础

施工图预算是施工图设计文件之一，是确定和控制建筑工程造价的必要手段。编制施工图预算，主要依据施工图设计文件和预算定额及人工、材料、机械台班的价格。施工图设计一经确定，工程预算造价就取决于预算定额水平和人工、材料及机械台班的价格。预算定额是确定劳动力、材料、机械台班消耗的标准，对工程直接费影响很大，对整个建筑产品的造价起着控制作用。

（二）预算定额是对设计方案进行技术经济比较、技术经济分析的依据

设计方案在设计工作中居于中心地位。设计方案的选择要满足功能、符合设计规范，既要技术先进又要经济合理。根据预算定额对方案进行技术经济分析和比较，是选择经济合理设计方案的重要方法。对设计方案进行比较，主要是通过定额对不同方案所需人工、材料和机械台班消耗量等进行比较。这种比较可以判明不同方案对工程造价的影响。对于新结构、新材料的应用和推广，也需要借助于预算定额进行技术分项和比较，从技术与经济的结合上考虑普遍采用的可能性和效益。

（三）预算定额是编制施工组织设计的依据

施工组织设计的重要任务之一是确定施工中所需要的人工、材料、机械台班等资源需用量，并做出最佳安排。施工单位在缺乏本企业的施工定额的情况下，根据预算定额，也能够比较精确地计算出施工中各项资源的需要量，为有计划地组织材料采购、劳动力和施工机械的调配提供了可靠的计算依据。

（四）预算定额是合理编制招标控制价、投标报价的基础

在深化改革中，预算定额的指令性作用将日益削弱，而施工单位按照工程个别成本报价的指导性作用仍然存在，因此预算定额作为编制标底的依据和施工企业报价的基础性作用仍将存在，这也是由预算定额本身的科学性和指导性决定的。

（五）预算定额是工程结算的依据

工程结算时建设单位和施工单位按照工程进度对已完成的分部分项工程实现货币支付的行为。按进度支付工程款，需要根据预算定额将已完成的分项工程的造价算出。单位工程验收后，再按竣工工程量、预算定额和施工合同规定进行结算，以保证建设单位建设资金的合理使用和施工单位的经济收入。

（六）预算定额是施工企业进行经济活动分析的依据

预算定额规定的物化劳动和劳动消耗指标是施工单位在生产经营中允许消耗的最高标

准。施工单位必须以预算定额作为评价企业工作的重要标准，作为努力实现的目标。施工单位可根据预算定额对施工中的劳动、材料、机械的消耗情况进行具体的分析，找出并克服低功效、高消耗的薄弱环节，提高竞争能力。只有在施工中尽量降低劳动消耗，采用新技术，提高劳动者素质，提高劳动生产率，才能取得较好的经济效果。

(七) 预算定额是编制概算定额的基础

概算定额是在预算定额基础上综合扩大编制的。利用预算定额作为编制依据，不但可以节省编制工作的大量人力、物力和时间，收到事半功倍的效果，还可以使概算定额在水平上与预算定额保持一致，以免造成执行中的不一致。

第二节　预算定额的编制

一、预算定额的编制原则

为保证预算定额的质量，充分发挥预算定额的作用，使之在实际使用中简便、合理、有效，在编制中应遵循以下原则。

(一) 平均水平的原则

贯彻按社会必要劳动时间确定预算定额水平的原则，对于改善建筑工程的价格管理，保证施工企业得到必要的人力、物力和货币资金的补偿，保证工程质量和施工管理水平都有十分重要的意义。

预算定额的水平以大多数施工单位的施工定额水平为基础。但是，预算定额绝不是简单地套用施工定额的水平。首先，在比施工定额的工作内容综合扩大的预算定额中，也包含了更多的可变因素，需要保留合理的幅度差。其次，预算定额应当是平均水平，而施工定额是平均先进水平，两者相比，预算定额水平相对要低一些，但是应限制在一定范围之内。

(二) 简明适用的原则

预算定额的内容和形式，既要能满足不同用途的需要、具有多方面的适用性，又要简单明了，易于掌握和应用。两者有联系又有区别，简明性应满足适用性的要求。

贯彻这个原则，要特别注意项目设置齐全，项目划分合理，定额步距适当，文字要简明扼要，通俗易懂，同时还应注意计量单位的正确选择、工程量计算的合理与简化。同时为稳定定额水平，统一考核尺度和简化工作。除了变化较多和影响造价较大的因素应允许换算外，定额要尽量少留活口，减少换算工作量，利于维护定额的严肃性。

(三) 技术先进、经济合理的原则

技术先进是指定额项目的确定、施工方法和材料的选择等，能够正确反映建筑技术水平，尽量采用已成熟并得到普遍推广的新技术、新材料、新工艺，以促进生产的提高和建筑技术的发展。

经济合理是指纳入定额的材料规格、质量、数量、劳动效率和施工机械的配备等，既要遵循国家和地方主管部门的统一规定，又要考虑其应是正常条件下大多数企业都能够达到和超过的水平。每次修订和编制消耗量定额时，消耗量定额的总水平应略高于历史上正常年份

已经达到的实际水平。

（四）坚持统一性和差别性相结合的原则

所谓统一性，就是从培育全国统一市场规范计价行为出发，计价定额的制定规划和组织实施由国务院建设行政主管部门统一管理，并负责全国统一定额的制定和修订。通过编制全国统一定额，使建筑安装工程具有一个统一的计价依据，也使考核设计和施工的经济效果具有一个统一的尺度。

所谓差别性，就是在统一性基础上，各部门和省、自治区、直辖市主管部门可以在自己的管辖范围内，根据本部门和地区的具体情况，制定部门和地区性定额、补充性制度和管理办法，以适应我国幅员辽阔，地区间、部门间发展不平衡和差异大的实际情况。

二、预算定额的编制依据

（一）现行有关定额资料

预算定额是在现行劳动定额、预算定额、单位估价表等定额资料的基础上编制的。预算定额中劳动力、材料、机械台班消耗水平，需要根据劳动定额、材料消耗定额、机械台班定额取定；预算定额的计量单位的选择，也要以劳动定额为参考，从而保证两者的协调和可比性，减轻预算定额的编制工作量，缩短编制时间。

（二）有关规范、标准和安全操作规程

主要有建筑安装工程施工验收规范、建筑安装工程设计规范、建筑安装工程施工操作规范、建筑安装工程质量评定标准、建筑安装工程施工安全操作规程。

（三）典型的设计资料

主要有国家或地区颁布的标准图集或通用图集、具有代表性的典型工程施工图样。应对这些图样进行仔细分析研究，并计算出工程数量，作为编制定额时选择施工方法、确定定额含量的依据。

（四）新技术、新结构、新材料及先进的施工方法

随着建筑行业的不断发展，新技术、新结构、新材料以及先进的施工方法也在不断的出现，依据此类资料有助于调整定额水平和增加新定额项目。

（五）有关科学实验、技术测定和统计、经验资料

三、预算定额的编制步骤

预算定额的编制工作大致可分为五个阶段，即准备工作阶段、收集资料阶段、编制定额阶段、定额报批和审核阶段、整理资料阶段。

（一）准备工作阶段

准备工作阶段的主要工作内容有：

1. 拟定编制方案

（1）编写制定定额的目的和任务。

（2）确定定额编制范围及编制内容。

（3）明确定额的编制原则、水平要求、项目划分和表现形式。

（4）定额的编制依据。

（5）拟定参加编制定额的单位及人员。

（6）确定编制地点及编制定额的经费来源。

（7）提出编制工作的规划及时间安排。

2. 抽调人员根据专业需要划分编制小组和综合组

一般可划分为土建定额组、设备定额组、混凝土及木构件组和混凝土及砌筑砂浆配合比测算组。

（二）收集资料阶段

1. 普遍收集资料

在已确定的编制范围内，采取表格形式收集定额编制基础资料，以统计资料为主，注明所需的资料内容、填表要求和时间范围，以便统一口径，便于资料整理。

2. 专题座谈

邀请建设单位、设计单位、施工单位及其他有关单位有经验的专业人员开座谈会，请他们从不同的角度就以往定额存在的问题谈各自意见和建议，以便在编制新定额时改进。

3. 收集现行规定、规范和政策法规资料

（1）现行的定额及有关资料。

（2）现行的建筑安装工程施工及验收规范。

（3）安全技术操作规程和现行有关劳动保护的政策法令。

（4）国家设计标准规范。

（5）编制定额必须依据的其他有关资料。

4. 收集定额管理部门积累的资料

（1）日常定额解释资料。

（2）补充定额资料。

（3）新结构、新工艺、新材料、新机械、新技术用于工程实践的资料。

5. 专项查定及实验

主要指混凝土配合比和砌筑砂浆实验资料。除收集实验试配资料外，还应收集一定数量的现场实际配合比资料。

（三）定额编制阶段

（1）拟定编制细则。

1）统一编制表格及编制方法。

2）统一计算口径、计量单位和小数点位数的要求。

3）统一名称、用字、专业用语、符号代码等。

（2）确定定额的项目划分和工程量计算规则。

（3）定额人工、材料、机械台班耗用量的计算、复核和测算。

（四）定额报批阶段

1. 审核定稿

定额初稿的审核工作是定额编制过程中必要的程序，是保证定额编制质量的措施之一。

审稿工作的人选应由具备丰富经验、责任心强、多年从事定额工作的专业技术人员来承担。

审稿主要审核以下内容：

(1)文字表达是否确切通顺，简明易懂。

(2)定额的数字是否准确无误。

(3)章节、项目之间有无矛盾。

2.定额水平测算

预算定额征求意见稿编出后，应将新编预算定额与原预算定额进行比较，测算新预算定额水平是提高还是降低，并分析预算定额水平提高或降低的原因。

(五)修改定稿、整理资料阶段

1.修改整理定稿

按照修改方案，将初稿按照定额的顺序进行修改，要求完整、字体清楚，经审核无误后形成报批稿，批准后交付印刷。

2.撰写编制说明

定额批准后，为顺利贯彻执行，需要撰写出新定额编制说明，主要内容包括：

(1)项目、子目数量。

(2)人工、材料、机械的内容范围。

(3)资料的依据和综合取定情况。

(4)定额中允许换算和不允许换算的规定计算资料。

(5)施工方法、工艺的选择及材料运距的考虑。

(6)各种材料损耗率的取定资料。

(7)调整系数的使用。

(8)其他说明的事项与计算数据、资料。

3.立档、成卷

定额编制资料是贯彻执行中需查对资料的唯一依据，也为编定额提供了历史资料数据，应作为技术档案永久保存。

四、预算定额的编制方法

(一)确定预算定额项目名称和工程内容

预算定额项目是根据各个分项工程项目的工、料、机消耗水平的不同和工种、材料品种以及使用的施工机械类型的不同而划分的。按施工顺序排列，一般有以下几种划分方法：

(1)按施工现场自然条件划分，如挖土方按土壤的等级划分。

(2)按施工方法不同划分，如灌注混凝土桩分钻孔、打孔、打孔夯扩、人工挖孔等。

(3)按照具体尺寸的大小划分，如钢筋混凝矩形柱定额项目划分为柱断面周长在1.8 m以内和2.6 m以内。

(二)确定预算定额项目计量单位

1.计量单位确定原则

预算定额项目计量单位的确定，应与定额项目相适应，由于工作内容综合，预算定额的计量单位也具有综合的性质。工程量计算规则的规定应确切反映定额项目所包含的综合工作内容。预算定额计量单位的选择主要是根据分项工程或结构构件的形体特征和变化规律,按公制或自然计量单位确定。见表5-1。

表5-1 预算定额计量单位的选择

序号	构件形体特征及变化规律	计量单位	实 例
1	长、宽、高(厚)三个度量均变化	m^3	土方、砌体、钢筋混凝土构件等
2	长、宽两个度量变化,高(厚)一定	m^2	楼地面、门窗、抹灰、油漆等
3	截面形状、大小固定,长度变化	m	楼梯、扶手、装饰线等
4	设备和材料重量变化大	t 或 kg	金属构件、设备制作安装
5	形状没有规律且难以度量	套、台、座、件(个或组)	铸铁头子、弯头、卫生洁具安装、栓类、阀门等

2.计量单位的选择及消耗量小数位数取定

预算定额的计量单位关系到预算工作的繁简和准确性,因此,要根据分项工程或结构构件的形体特征和变化规律特点正确地确定各分部、分项工程的计量单位。预算定额中各项目人工、材料和施工机械台班的计量单位的选择相对比较固定,取定要求见表5-2。

表5-2 预算定额消耗数量小数位数取定表

序号	项目	计量单位	小数取定	序号	项目	计量单位	小数取定
1	人工	工日	二位小数	4	木材	m^3	三位小数
2	机械	台班	二位小数	5	水泥	kg	取整数
3	钢材	t	三位小数	6	其他材料	与产品计量单位保持一致	二位小数

第三节 预算定额人工、材料和机械台班消耗量指标的确定

一、人工消耗量指标的确定

预算定额人工消耗指标,是指完成一定计量单位的分项工程或结构构件的制作安装必须消耗的各种用工量。预算定额中的人工消耗指标的确定有两种方法:一种是以劳动定额为基础确定,另一种是以现场观察测定数据为依据来确定。

1.以劳动定额为基础的人工工日消耗量的确定

以劳动定额为基础的人工工日消耗量的确定包括基本用工和其他用工。

(1)基本用工是指完成一定计量单位的分项工程或结构构件制作安装必须消耗的技术工种用工,按综合取定的工程量和相应的劳动定额计算。例如:砌砖墙中的砌砖、调制砂浆、运砖等的用工。采用劳动定额综合预算定额项目时,还要增加附墙烟囱、垃圾道砌筑等的用工。计算公式为

$$基本用工数量 = \sum（综合取定的工程量 \times 相应的劳动定额）$$

（2）其他用工是指劳动定额中没包括而在预算定额内又必须考虑的工时消耗。其内容包括超运距用工、辅助用工和人工幅度差。

1）超运距用工是指预算定额项目中考虑的现场材料及成品、半成品堆放地点到操作地点的水平运输距离超过劳动定额规定的运输距离时所需增加的工日数。计算公式为

$$超运距 = 预算定额规定的运距 - 劳动定额规定的运距$$

$$超运距用工数量 = \sum（超运距材料数量 \times 相应的劳动定额）$$

2）辅助用工是指技术工种劳动定额内不包括而在预算定额中又必须考虑的用工。例如：筛沙子、洗石子、淋石灰膏等的用工。这类用工在劳动定额中是单独的项目，但在编制预算定额时要综合进去。计算公式为

$$辅助用工数量 = \sum（材料加工数量 \times 相应的劳动定额）$$

3）人工幅度差是指在劳动定额作业时间没包括，而在正常施工中又不可避免的一些零星用工。这些用工不能单独列项计算，一般是综合定出一个人工幅度差系数，即增加一定比例的用工量，纳入预算定额。

人工幅度差包括的因素有：

① 工序搭接和工种交叉配合的停歇时间。

② 机械的临时维护、小修、移动而发生的不可避免的损失时间。

③ 工程质量检查与隐蔽工程验收而影响工人操作时间。

④ 工种交叉作业，难免造成已完工程局部损坏而增加修理用工时间。

⑤ 施工中不可避免的少数零星用工做需要的时间。

预算定额的人工幅度差系数一般在10%～15%之间。具体系数取值见表5－3。

人工幅度差计算公式为：

$$人工幅度差（工日） = （基本用工 + 超运距用工 + 辅助用工）\times 人工幅度差系数$$

表5－3　《1995基础定额》人工幅度差系数表

序号	项目	人工幅度差系数（%）	序号	项目	人工幅度差系数（%）
1	土方	10	6	模板（预制）	10
2	砌筑	15	7	木门窗制作	8
3	脚手架	12		木门窗安装	10
4	混凝土（含现浇、预制）	10	8	楼地面	10
5	钢筋（含现浇、预制）	10	9	装饰	15
6	模板（现浇）	15		装饰（油漆）	10

$$预算定额分项工程人工消耗量指标（工日） = 基本用工 + 其他用工$$
$$= 基本用工 + 超运距用工$$
$$+ 辅助用工 + 人工幅度差用工$$

或

$$预算定额分项工程人工消耗量指标(工日) = (基本用工 + 超运距用工 + 辅助用工)$$
$$\times (1 + 人工幅度差系数)$$

2.以现场观察测定数据为依据的人工工日消耗量的确定

这种方法是通过对施工作业过程进行观察测定工时小号数值,再加一定人工幅度差来计算预算定额的人工消耗量。它适用于劳动定额缺项的预算定额项目编制。

二、材料消耗量指标的确定

预算定额中的材料消耗量指标是指完成一定计量单位的分项工程或结构构件必须消耗的各种实体性材料和各种措施性材料的数量。按用途划分为以下四种:

1.主要材料

主要材料是指工程中使用量大、能直接构成工程实体的材料,其中也包括半成品、成品等。如砖、水泥、砂子等。

2.辅助材料

辅助材料也直接构成工程实体,是除主要材料外的其他材料。如铁钉、铅丝等。

3.周转材料

周转材料是指在施工中能反复周转使用,但不构成工程实体的工具性材料。如脚手架、模板等。

4.其他材料

其他材料是指在工程中用量较少,难以计量的零星材料。如线绳、棉纱等。

预算定额的材料消耗指标一般由材料净用量和损耗量构成。材料净用量、损耗量以及周转材料的摊销量具体确定方法已在前面章节中详细介绍,在此不再重述。

三、机械台班消耗量指标的确定

机械台班消耗量指标的确定是指完成一定计量单位的分项工程或结构构件所必需的各种机械台班的消耗数量。机械台班消耗量的确定一般有两种基本方法:一种是以劳动定额的机械台班消耗量定额为基础确定的,另一种是以现场实测数据为依据确定。

1.以劳动定额为基础的机械台班消耗量的确定

这种方法以劳动定额中的机械台班消耗用量加机械台班幅度差来计算预算定额的机械台班消耗量。计算公式如下:

$$预算定额机械台班消耗量 = 劳动定额中机械台班用量 + 机械幅度差$$
$$= 劳动定额中机械台班用量 \times (1 + 机械幅度差系数)$$

机械幅度差是指劳动定额规定范围内没有包括,但实际施工中又发生,必须增加的机械台班用量。主要考虑以下内容:

(1)正常施工条件下不可避免的机械空转时间。

(2)施工技术原因的中断及合理停置时间。

(3)因供电供水故障及水电线路移动检修而发生的运转中断时间。

(4)因气候变化或机械本身故障影响工时利用的时间。

(5)施工机械转移及配套机械相互影响损失的时间。

（6）配合机械施工的工人因与其他工种交叉造成的间歇时间。

（7）因检查工程质量造成的机械停歇的时间。

（8）工程收尾和工作量不饱满造成的机械间歇时间。

占比重不大的零星小型机械按劳动定额小组成员计算出机械台班使用量，以"机械费"或"其他机械费"表示，不再列台班数量。大型机械的幅度差系数规定见表5-4。

表5-4　大型机械的幅度差系数规定

序号	机械名称	系数	序号	机械名称	系数
1	土石方机械	25%	4	钢筋加工机械	10%
2	吊装机械	30%	5	木作、小磨石、打夯机械	10%
3	打桩机械	33%	6	塔式起重机、卷扬机、砂浆、混凝土搅拌机	0

2. 以现场实测数据为基础的机械台班消耗量的确定

如遇劳动定额缺项的项目，在编制预算定额的机械台班消耗量时，则需通过对机械现场实地观测得到机械台班数量，在此基础上加上适当的机械幅度差，来确定机械台班消耗量。

四、预算定额编制示例

【例5-1】　计算10 m³一砖混水砖墙人工、材料、机械台班消耗量，编制出定额项目表。

【解】　（一）确定项目几个要素

（1）项目（子目）名称：混水砖墙、一砖厚。

（2）工程内容：调制砂浆、运砖、运砂浆，砌砖。砌砖包括窗台虎头砖、腰线、门窗套，安放木砖、铁件、钢筋等。

（3）计量单位：10 m³。

（4）施工方法：砌筑采用手工操作，砂浆用砂浆搅拌机搅拌，水平运输采用双轮手推车等。材料现场内运输距离：根据施工组织设计确定砂子为80 m，石灰膏为150 m，砖为170 m、砂浆为180 m。

（5）有关含量：综合取定1砖混水内墙占50%，混水外墙占50%，经过若干个典型工程施工图样测算，内墙梁头、梁垫占墙体体积的百分率为0.376%，外墙梁头、梁垫占墙体体积的百分率为0.058%，0.3 m²以内孔洞占0.01%，凸出部分占0.336%。

（6）考虑如下加工因素：每10 m³砖墙中，含有墙心烟囱孔、附墙烟囱及孔3.4 m；弧形及圆形璇0.6 m，预留构造柱孔3 m，外墙门窗洞口面积超过30%（门窗洞口面积占外墙总面积），每立方米增加0.06工日。

（二）确定消耗量指标

1. 人工消耗指标的确定

根据上述测算的有关数据及劳动定额，计算预算定额砌砖工程材料超运距，计算过程见表5-5，根据2008《建设工程劳动定额》计算预算定额砌一砖混水墙项目人工工日消耗指标，见表5-6。

表5-5　预算定额砌砖工程材料超运距计算表

材料名称	预算定额运距	劳动定额运距	超运距	材料名称	预算定额运距	劳动定额运距	超运距
砂子	80 m	50 m	30 m	普通砖	170 m	50 m	120 m
石灰膏	150 m	100 m	50 m	砂浆	180 m	50 m	130 m

表5-6　预算定额混水砖墙(一砖)项目人工工日计算表(10 m³)

用工	施工过程名称	工程量	单位	劳动定额编号	工种	时间定额	工日数
	混水内墙	5.0	m³	AD0022	砖工	1.02	5.100
	混水外墙	5.0	m³	AD0027	砖工	1.09	5.440
	小计						10.540
	外墙门窗洞口面积>30%	5	m³	表3	砖工	0.06	0.3
	墙心烟囱孔、附墙烟囱及孔	3.4	m	表3	砖工	0.05	0.17
	弧形及圆形旋	0.6	m	表3	砖工	0.03	0.018
	预留构造柱孔	3	m	表3	砖工	0.05	0.15
	小计						0.638
	合计						11.178
超运距用工	砂子超运30 m	2.43	m³	AA0065	普工	0.15	0.365
	石灰膏超运50 m	0.19	m³	AA0063	普工	0.385	0.073
	标准砖超运120 m	5.349	千块	AA0059	普工	0.383	2.048
	砂浆超运130 m	2.29	m³	AA00148	普工	0.422	0.966
	合计						3.452
辅助工	筛砂子	2.43	m³	AA0257	普工	0.306	0.744
	合计						0.744
共计	人工幅度差=(11.178+3.452+0.744)×10%=1.54(工日)						
	定额用工=11.178+3.452+0.744+1.537=16.911(工日)						

注：10 m³一砖混水墙的砂子定额用量为2.43 m³，石灰膏用量为0.19 m³，标准砖5.34千块，砂浆2.28 m³

2.材料消耗量指标的确定

(1)计算10 m³一砖混水墙标准砖净用量

$$砖净用量 = \frac{1}{0.24 \times (0.24 + 0.01) \times (0.053 + 0.01)} \times 2 \times 10 = 5291(块)$$

(2)计算10 m³砌体中考虑应增减体积后砖的净用量

经测算，内墙梁头、梁垫占墙体体积的百分率为0.376%，外墙梁头、梁垫占墙体体积的百分率为0.058%，0.3 m²以内孔洞占0.01%，凸出部分占0.336%。内外墙比例各占50%。

扣除梁头、梁垫及 0.3 m² 以内孔洞、并入凸出部分所占体积后的标准砖净用量为

标准砖净用量 = 5291 × 50% × [(1 - 0.376%) + (1 - 0.058%)] + 5291 × (0.336% - 0.01%) = 5296.3(块)

（3）计算 10 m³ 一砖混水墙砌筑砂浆净用量

砂浆净用量 = (1 - 529.1 × 0.24 × 0.115 × 0.053) × 10 m³ = 2.26 m³

（4）计算 10 m³ 砌体中考虑应增减体积后砂浆净用量

砂浆净用量 = 2.26 × 50% × [(1 - 0.376%) + (1 - 0.058%)] + 2.26 × (0.336% - 0.01%) = 2.262(m³)

（5）材料总的消耗量

查损耗率表，普通黏土砖损耗率为 1%，砖墙体砌筑砂浆损耗率为 1%，则

标准砖消耗量 = 5296.3 × (1 + 1%) = 5349(块)

砌筑砂浆消耗量 = 2.262 × (1 + 1%) = 2.285(m³)

3. 机械台班消耗指标的确定

预算定额项目中配合工人班组施工的施工机械台班按小组产量计算。

按劳动定额规定，砌砖工程的小组人数为 22 人。根据典型工程测算，一砖混水墙取定的比重是：混水内、外墙各占 50%。查劳动定额：一砖混水内墙为 0.98 m³/工日，一砖混水外墙为 0.917 m³/工日，则

小组总产量 = 22 × (50% × 0.98 + 50% × 0.917) = 20.87(m³)

200 L 砂浆搅拌机时间定额 = 10/20.87 = 0.479(台班)

4. 形成预算定额项目表

根据计算的人工、材料、机械台班消耗指标编制一砖混水砖墙的预算定额项目表，见表 5 - 7。

表 5 - 7 预算定额项目表

工程内容：略 单位：10 m³

定额项目编号			×××	×××	×××
项 目		单位	混水砖墙		
			1 砖	3/4 砖	1/2 砖
人工	综合工日	工日	16.90	…	…
材料	普通黏土砖	千块	5.349	…	…
	砂浆	m³	2.29	…	…
机械	砂浆搅拌机 200 L	台班	0.479	…	…

第四节 预算定额(手册)的组成及应用

一、预算定额(手册)的组成

建筑工程预算定额是在实际应用过程中发挥作用的。要正确应用预算定额，必须全面了

解预算定额的组成。为了快速、准确地确定各分项工程(或配件)的人工、材料和机械台班等消耗指标及定额标准，需要将建筑装饰工程预算定额按一定的顺序，分章、节、项和子目汇编成册。预算定额(手册)由消耗量定额和单位估价表及工程量计算规则组成。消耗量定额主要由总说明、分部说明、定额项目表和定额附录(附表)四部分组成。

(一)总说明

总说明一般包括定额的编制原则、编制依据、指导思想、适用范围及定额的作用，同时说明了编制定额时已经考虑和没有考虑的因素，使用方法和有关规定，对名词符号的解释等。因此，使用定额前应仔细阅读总说明的内容。

(二)建筑面积计算规则

建筑面积是核算工程造价的基础，是核算工程造价的基础，是分析建筑工程技术指标的重要数据，是编制计划和统计工作的指标依据。因此必须根据国家有关规定，对建筑面积的计算规则做出统一的规定。

(三)分部工程定额

《全国统一建筑工程基础定额》按工程结构类型，结合形象部位，全册划分为 12 个分部工程。排列顺序如下：

(1) 土石方工程。

(2) 桩基础上程。

(3) 脚手架工程。

(4) 砌筑工程。

(5) 混凝土及钢筋混凝土工程。

(6) 构件运输及安装工程。

(7) 门窗及木结构工程。

(8) 楼地面工程。

(9) 屋面及防水工程。

(10) 防腐、保温、隔热工程。

(11) 装饰工程。

(12) 金属结构制作工程。

分部工程定额由分部工程说明、工程量计算规则和定额项目表三部分组成。它是预算定额手册的主要组成部分，是执行定额的基准，必须全面掌握。

1. 分部工程说明

主要说明使用本分部工程定额时应注意的有关问题。对编制中有关问题的解释、执行中的一些规定、特殊情况的处理等的说明。是预算定额的重要组成部分，必须全面掌握。

2. 工程量计算规则

对本分部工程中各分项工程工程量的计算方法所做的规定，它是编制预算时计算分项工程工程量的重要依据。

3.定额项目表

定额项目表是预算定额的主要构成部分，由工作内容、定额单位、项目表和附注组成。

（1）工作内容。列在定额项目表的表头左上方，列出表中分项工程定额项目的主要工作过程。

（2）定额单位。列在表头右上方，一般为扩大计量单位，如 10 m³、100 m²、100 m³ 等。

（3）定额项目表。这是定额的核心部分，是定额最基本的表现形式，每一定额表均列有项目名称、定额编号、计量单位、定额消耗量和基价等。横向，由若干个项目和子项目组成（按施工顺序排列）；竖向，由"三个量"即人工、材料、机械台班消耗量和"三个价"即人工费、材料费、机械费及基价(地方定额)组成。

（4）附注。对项目表中的子项目进一步说明和补充。

（四）附录

附录列在预算定额的最后，各省、市、自治区编入的内容不同，一般包括：每 10 m³ 混凝土模板含量参考表，混凝土及砂浆配合比表，主要材料、成品、半成品损耗率表，建筑材料预算价格表等，主要用于定额的换算、材料消耗量的计算、调整和制定补充定额的参考依据等。

二、定额项目表示例

表 5-8 是原建设部 1995 年颁发的《全国统一建筑工程基础定额》(GJD-101-95) 砌筑分部工程中砖基础、砖墙定额项目表；表 5-9、表 5-10 分别是钢筋混凝土分部工程中现浇钢筋混凝土柱、钢筋定额项目。

表 5-8　砌筑工程定额项目表

工作内容：砖基础：调运砂浆、铺砂浆、运砖、清理基槽坑、砌砖等。

砖墙：调运、铺砂浆，运砖；砌砖包括窗台虎头砖、腰线、门窗套，安放木砖、铁件等。

单位：10 m³

定额编号			4-1	4-2	4-3	4-4	4-5	4-6
项　目			砖基础	单面清水砖墙				
				1/2 砖	3/4 砖	1 砖	1 砖半	2 及 2 砖以上
名　称		单位	定额耗用量					
人工	综合工日	工日	12.18	21.97	31.63	18.87	17.83	17.14
材料	水泥砂浆 M5	m³	2.36	—	—	—	—	—
	水泥砂浆 M10	m³	—	1.95	2.13	—	—	—
	水泥混合砂浆 M2.5	m³	—	—	—	2.25	2.40	2.45
	普通黏土砖	千块	0.524	5.236	5.510	5.314	5.350	5.310
	水	m³	1.05	1.13	1.10	1.06	1.07	1.06
机械	灰浆搅拌机 200 L	台班	0.39	0.33	0.35	0.38	0.40	0.41

表 5-9　现浇构件柱捣混凝土定额表

工作内容：(1)混凝土水平运输。

　　　　　(2)混凝土搅拌、捣固、养护。

单位：10 m³

定额编号		5-401	5-402	5-403	5-404
项　目		柱			升板柱帽
		矩形	圆形多边形	构造柱	
名　称	单位	定额耗用量			
人工　综合工日	工日	2.164	2.243	2.562	3.090
材料　现浇混凝土 C20 碎石 40 mm	m³	0.986	0.986	0.986	0.986
草袋子	m²	0.100	0.086	0.084	-
水	m³	0.909	0.891	0.899	0.852
水泥砂浆 1:2	m³	0.031	0.031	0.031	0.031
机械　混凝土搅拌机 500 L	台班	0.062	0.062	0.062	0.062
混凝土振捣器(插入式)	台班	0.124	0.124	0.124	0.124
灰浆搅拌机 200 L	台班	0.004	0.004	0.004	0.004

表 5-10　现浇构件圆钢筋定额表

工作内容：钢筋制作、绑扎、安装。

单位：t

定　额　编　号		5-294	5-295	5-296	5-297	5-298	5-299	5-300
项　　目		$\phi 6.5$	$\phi 8$	$\phi 10$	$\phi 12$	$\phi 14$	$\phi 16$	$\phi 18$
名　称	单位	定额耗用量						
人工　综合工日	工日	22.630	14.750	10.900	9.540	8.250	7.320	6.450
材料　钢筋 $\phi 10$ 以内	t	1.020	1.020	1.020				
钢筋 $\phi 10$ 以上	t				1.045	1.045	1.045	1.045
镀锌铁丝 22#	kg	15.670	8.800	5.640	4.620	3.390	2.600	2.050
电焊条	kg				7.200	7.200	7.200	9.600
水	m³				0.150	0.150	0.150	0.120
机械　卷扬机单筒慢速 5 t 内	台班	0.370	0.320	0.300	0.280	0.200	0.170	0.160
钢筋切断机 $\phi 40$ 以内	台班	0.120	0.120	0.100	0.090	0.090	0.100	0.090
钢筋弯曲机 $\phi 40$ 以内	台班		0.360	0.310	0.260	0.210	0.230	0.200
直流电焊机 30 kW 以内	台班				0.450	0.450	0.450	0.420
对焊机 75 kW 以内	台班				0.090	0.090	0.090	0.070

　　各省市预算定额是依据《全国统一建筑工程基础定额》来编制的，表 5-11 为××省《建筑装饰装修工程消耗量标准》砌筑工程部分定额表。

表 5 – 11　砖基础、砖墙(摘录)

工作内容：砖基础：调运砂浆、铺砂浆、运砖、清理基槽坑、砌砖等。

　　　　　砖墙：调运、铺砂浆，运砖；砌砖包括窗台虎头砖、腰线、门窗套，安放木砖、铁件等。

定额编号			A3 – 1	A3 – 2	A3 – 3	A3 – 4
项目名称			砖基础	单面清水墙		
				1/2 砖	3/4 砖	1 砖
类别	名称	单位	消耗量			
人工	综合人工	工日	12.18	21.97	21.63	18.87
材料	标准砖 240 mm×115 mm×53 mm	千块	5.236	5.641	5.51	5.314
	水泥砂浆 M10	m³	—	1.95	2.13	—
	水泥砂浆 M5	m³	2.36	—	—	—
	水泥混合砂浆 M2.5	m³	—	—	—	2.25
	水	m³	1.05	1.13	1.1	0.38
机械	灰浆搅拌机 200 L	台班	0.39	0.33	0.35	0.38

三、预算定额手册的应用

(一)预算定额的直接套用

当施工图的设计要求、项目内容与预算定额的项目内容完全一致时，可直接套用预算定额计算直接工程费。

直接套用定额时可按分部工程—定额节—定额项目表—子项目的顺序找出所需项目。在编制单位工程施工图预算的过程中，大多数项目是可以直接套用预算定额，套用时应注意以下几点：

(1)根据施工图、设计说明和做法说明，选择定额项目。

(2)要从工程内容、技术特征和施工方法上仔细核对，才能准确地确定相对应的定额项目。

(3)分项工程的名称和计量单位要与预算定额相一致。预算定额项目基本上是扩大的计量单位，要注意把分项工程量转变成定额计量单位的数量。

(4)要注意定额项目表上的工作内容，工作内容中所列出的施工过程已包括在定额基价内，编制预算时不能重复列项。

(5)查阅定额时应注意定额项目表下面的附注，附注作为定额项目表的补充与完善，套用时必须严格执行。

预算定额直接套用举例

【例 5 – 2】　试求 8.83 m³ M5 水泥砂浆砖基础所需要的人工、材料和机械台班消耗量。

【解】　根据表 5 – 11，人工：8.83 m³ × 12.18 工日/10 m³ = 10.75 工日

材料：

水泥砂浆 M5：8.83 m³×2.36 m³/10 m³=2.084 m³

标准砖：8.83 m³×5.236 千块/10 m³=4.623 千块

水：8.83 m³×1.05 m³/10 m³=0.927 m³

机械台班：

灰浆搅拌机 200 L：8.83 m³×0.39 台班/10 m³=0.344 台班

(二)预算定额的换算

当套用预算定额时，如果工程项目内容与套用相应定额项目的要求不相符合，当定额规定允许换算时，就要在定额规定的范围内进行换算，从而使施工图纸的内容与定额中的要求相一致，这个过程称为定额的换算。经过换算后的项目，要在其定额编号后加注"换"字，以示区别。

1. 预算定额的换算原则

为了保持定额的水平，在预算定额的说明中规定了有关的换算原则，一般包括：

(1)定额的砂浆、混凝土强度等级。如设计与定额不同时，允许按定额附录的砂浆、混凝土配合比表换算，但配合比中的各种材料用量不得调整。

(2)定额中抹灰项目已考虑了常用厚度，各层砂浆的厚度一般不做调整。如果设计有特殊要求时，定额中工、料可以按厚度比例换算。

(3)必须按预算定额中的各项规定换算定额。

2. 预算定额的换算类型

预算定额的换算类型有以下四种：

(1)砂浆换算。即砌筑砂浆强度等级、抹灰砂浆配合比及砂浆用量的换算。

(2)混凝土换算。即构件混凝土、楼地面混凝土的强度等级、混凝土类型的换算。

(3)系数换算。即按规定对定额中的人工费、材料费、机械费乘以各种系数的换算。

(4)其他换算。即除了以上三种情况外的换算。

(三)定额换算的基本思路

定额换算的基本思路是：根据选定的预算定额基价，按规定换入增加的费用，换出扣除的费用。

这一思路用下列表达式表述：

换算后的定额基价=原定额基价+换入的费用-换出的费用

例如：某工程施工图设计用 M15 水泥砂浆砌砖墙，查预算定额中只有 M5 水泥砂浆砌砖墙的项目，这时就需要选用预算定额中的某个项目，再依据定额附录中 M15 水泥砂浆的配合比用量表和基价进行换算：

换算后定额基价=M5 水泥砂浆砌砖墙定额基价+定额砂浆用量×M15 水泥砂浆基价

(换入的费用)

-定额砂浆用量×M5 水泥砂浆基价

(换出的费用)

3. 砌筑砂浆换算

(1)换算原因

当设计图纸要求的砌筑砂浆强度等级在预算定额中缺项时，就需要调整砂浆强度等级，求出新的定额基价。

（2）换算特点

由于砂浆用量不变，所以人工、机械费不变，因而只换算砂浆强度等级和调整砂浆材料费。

砌筑砂浆换算公式：

换算后定额基价＝原定额基价＋定额砂浆用量 ×（换入砂浆基价－换出砂浆基价）

【例5－3】 根据××省定额，求M7.5水泥砂浆砌筑基础。

【解】 根据下表中定额可知：

换算定额号：表5－12中A3－1及表5－13中P9－13

表5－12 ××省建筑装饰装修工程消耗量标准（摘录）

工程内容：略 单位：10 m³

定额编号				A3－1
项目名称				砖基础
类别	名称	单位	单价	消耗量
基价		元		1330.61
其中	人工费	元		365.40
	材料费	元		959.00
	机械费	元		6.21
人工	综合人工	工日	30	12.18
材料	标准砖240 mm×115 mm×53 mm	千块	219.00	5.236
	水泥砂浆 M5	m³	135.94	2.36
	水	m³	1.44	1.05
机械	灰浆搅拌机200 L	台班	48.84	0.39

表5－13 砌筑砂浆配合比表（摘录）

单位：m³

编 号				P9－12	P9－13	P9－14	P9－15
项目		单位	单价（元）	水泥砂浆			
				M5	M7.5	M10	M15
基价		元		135.94	141.54	150.22	167.30
材料	32.5级水泥	kg	0.28	235.00	255.00	286.00	347.00
	中净砂	m³	54.00	1.29	1.29	1.29	1.29

$$換算后定额基价 = 1330.61 + 2.36 \times (141.54 - 135.94)$$
$$= 1330.61 + 2.36 \times 5.6$$
$$= 1330.61 + 13.22$$
$$= 1343.83 (元/10\ m^3)$$

换算后材料用量(每 $10\ m^3$ 砌体)

32.5 级水泥:$2.36 \times 255.00 = 602(kg)$

中砂:$2.36 \times 1.29 = 3.04(m^3)$

4. 抹灰砂浆换算

(1)换算原因

当设计图纸要求的抹灰砂浆配合比或抹灰厚度与预算定额的抹灰砂浆配合比或厚度不同时,就要进行抹灰砂浆换算。

(2)换算特点

第一种情况:当抹灰厚度不变只换算配合比时,人工费、机械费不变,只调整材料费;

第二种情况:当抹灰厚度发生时,砂浆用量要改变,人工费、机械费变化,因而人工费、材料费、机械费均要换算。

(3)换算公式

第一种情况的换算公式:

换算后定额基价 = 原定额基价 + 抹灰砂浆定额用量 × (换入砂浆基价 - 换出砂浆基价)

第二种情况换算公式:

$$换算后定额基价 = 原定额基价 + (定额人工费 + 定额机械费) \times (K - 1)$$
$$+ \sum (各层换入砂浆用量 \times 换入砂浆基价$$
$$- 各层换出砂浆用量 \times 换出砂浆基价)$$

式中:K——工、机费换算系数,且 K = 设计抹灰砂浆总厚 ÷ 定额抹灰砂浆总厚;

各层换入砂浆用量 = 定额砂浆用量 ÷ 定额砂浆厚度 × 设计厚度;

各层换出砂浆用量 = 定额砂浆用量。

【例 5 - 4】 1:2 水泥砂浆底 16 厚,1:2 水泥砂浆面 6 厚抹砖墙面。试根据本省消耗量定额确定定额基价。

【解】 根据第一种情况进行换算(砂浆总厚不变)。

根据表 5 - 14 定额 B2 - 17,表 5 - 15 中 P10 - 3,

$$换算后定额基价 = 945.00 + 1.62 \times (220.34 - 184.96)$$
$$= 945.00 + 1.62 \times 35.38$$
$$= 1002.32 (元/100\ m^2)$$

换算后的材料用量(每 $100\ m^2$)

32.5 级水泥:$(1.62 + 0.53) \times 557.00 = 1197.55(kg)$

粗净砂:$(1.62 + 0.53) \times 1.11 = 2.39(m^3)$

【例 5 - 5】 采用 1:3 水泥砂浆底 18 厚,1:2 水泥砂浆面 6 厚抹砖墙面,试根据本省消耗量定额确定定额基价。

【解】　设计抹灰厚度发生了变化，故按第二种情况换算。根据消耗量定额表5－14、表5－15，

表5－14　××省建筑装饰装修工程消耗量标准(摘录)

工作内容：略　　　　　　　　　　　　　　　　　　　　　　　　　　单位：100 m²

定额编号				B2－17
项目		单位	单价(元)	水泥砂浆抹砖墙面
基　价		元		945.00
其中	人工费	元		462.00
	材料费	元		465.42
	机械费	元		17.58
人工	综合工日	工日	30.00	15.40
	水泥砂浆1:3	m³	184.96	1.62(底约16厚)
	水泥砂浆1:2	m³	220.34	0.53(面约6厚)
	松厚板	m³	943	0.01
	水	m³	1.44	0.70
机械	200 L砂浆搅拌机	台班	48.84	0.36

表5－15　水泥砂浆配合比表(摘录)

单位：m³

编　号			P10－2	P10－3	P10－4	P10－5
项目		单位	单价(元)	水泥砂浆		
				1:1.5	1:2	1:2.5	1:3
基价		元		236.06	220.34	207.92	184.96
材料	32.5级水泥	kg	0.28	644.00	557.00	490.00	408.00
	粗净砂	m³	57.61	0.96	1.11	1.22	1.22

工机费用换算系数 $K = (18+6)/(16+6) = 24/22 = 1.10$

1:3 水泥砂浆用量 $= 1.62 \div 16 \times 18 = 1.823(m^3)$

1:2 水泥砂浆用量不变。

换算后定额基价 $= 945.00 + (462.00+17.58)\times(1.10-1)$
$+ 1.823\times184.96 - 1.62\times184.96$
$= 945.00 + 479.58\times0.10 + 337.18 - 299.64$
$= 1030.50(元/100 m^2)$

换算后材料用量(每100 m²)：

32.5级水泥：$1.823\times408 + 0.53\times557 = 1038.99(kg)$

105

粗净砂：$1.823 \times 1.22 + 0.53 \times 1.11 = 2.81(\text{m}^3)$

思考：试计算 1：2 水泥砂浆底 14 厚，1：2 水泥砂浆面 9 厚抹砖墙面。

5. 构件混凝土换算

（1）换算原因

当设计要求构件采用的混凝土强度等级，在预算定额中没有相符合的项目时，就产生了混凝土强度等级或石子粒径的换算。

（2）换算特点

混凝土用量不变，人工费、机械费不变，只换算混凝土强度等级或石子粒径。

（3）换算公式

换算定额基价 = 原定额基价 + 定额混凝土用量 ×（换入混凝土基价 – 换出混凝土基价）

【例 5–6】 现浇 C20 钢筋混凝土矩形梁，试根据 × × 省消耗量定额确定定额基价。

【解】 根据表 5–16 及表 5–17，

表 5–16　×× 省建筑装饰装修工程消耗量标准（摘录）

工程内容：略　　　　　　　　　　　　　　　　　　　　　　　　　　　　单位：10 m^3

定额编号				A4 – 87
项目名称				现浇混凝土
				基础梁
类别	名称	单位	单价	消耗量
基价		元		2362.22
其中	人工费	元		400.20
	材料费	元		1887.57
	机械费	元		74.46
人工	综合人工	工日	30	13.34
材料	现浇混凝土 C25 砾 40 mm	m^3	183.37	10.15
	草袋子	m^3	1.95	6.03
	水	m^3	1.44	10.14
机械	单卧轴式混凝土搅拌机 350 L	台班	114.81	0.63
	混凝土振捣器（插入式）	台班	1.7	1.25

换算后定额基价 $= 2362.22 + 10.15 \times (168.35 - 183.37)$

$= 2362.22 + 10.15 \times (-15.02)$

$= 2362.22 - 152.45$

$= 2209.77(\text{元}/10 \text{ m}^3)$

表 5 - 17 普通塑性混凝土配合比表(摘录) 单位：m³

编 号			P2 - 45	P2 - 46	P2 - 47	P2 - 48	P2 - 49	P2 - 50
项目	单位	单价(元)	砾石最大粒径：40 mm					
			C20	C20	C25	C25	C30	C30
基价	元		168.35	174.19	183.37	183.11	194.47	210.35
材料 32.5 级水泥	kg	0.28	315.00	—	380.00	—	—	—
42.5 级水泥	kg	0.34	—	272.00	—	303.00	341.00	—
52.5 级水泥	kg	0.45	—	—	—	—	—	286.00
砾石 40 mm	m³	60	0.90	0.89	0.91	0.89	0.90	0.88
中净砂	m³	54	0.48	0.52	0.41	0.49	0.45	0.53

换算后的材料用量(每 10 m³)

32.5 级水泥：$10.15 \times 315 = 3197.25 (\text{kg})$

中净砂：$10.15 \times 0.48 = 4.872 (\text{m}^3)$

40 mm 砾石：$10.15 \times 0.9 = 9.135 (\text{m}^3)$

6. 楼地面混凝土换算

(1) 换算原因

楼地面混凝土面层的定额单位一般是 m³。因此，当设计厚度与定额厚度不同时，就产生了定额基价的换算。

(2) 换算特点

同抹灰砂浆的换算特点。

(3) 换算公式

换算后定额基价 = 原定额基价 + (定额人工费 + 定额机械费) × (K - 1)
　　　　　　 + 换入混凝土用量 × 换入混凝土基价 - 换出混凝土用量 × 换出混凝土基价

式中：K——工、机费换算系数，K = 混凝土设计厚度/混凝土定额厚度；

换入混凝土用量 = (定额混凝土用量 ÷ 定额混凝土厚度) × 设计混凝土厚度；

换出混凝土用量 = 定额混凝土用量；

换算方式同抹灰砂浆。

7. 乘系数的换算和其他换算

(1) 乘系数换算是指在使用预算定额项目时，定额的一部分或全部乘以规定的系数。

例如，湖南省预算定额规定，人工挖土方挖桩间土方时，人工乘以系数 1.25。

(2) 其他换算

其他换算是指不属于上述几种换算情况的定额基价换算

【例 5 - 7】 1:2 防水砂浆墙基防潮层(加水泥用量 8% 的防水粉)，试根据本省消耗量定额确定定额基价。

【解】 根据题意和表 5 - 15、表 5 - 18 中的定额及附录内容应调整防水粉的用量。

表 5 –18 《湖南省建筑装饰装修工程消耗量标准》(摘录)

工作内容：略 　　　　　　　　　　　　　　　　　　　　　　　　　　单位：100 m²

定额编号				A8 –112
项目名称				墙基防潮层
类别	名称	单位	单价	消耗量
基价		元		961.87
其中	人工费	元		418.80
	材料费	元		526.47
	机械费	元		16.61
人工	综合人工	工日	30	13.96
材料	防水粉	kg	1.3	55.00
	水泥砂浆 1:2	m³	220.34	2.04
	水	m³	1.44	3.80
机械	灰浆搅拌机 200 L	台班	48.84	0.34

防水粉用量 = 定额砂浆用量 × 砂浆配合比中的水泥用量 × 8%

$\qquad$ = 2.04 × 557 × 8% = 90.90(kg)

换算后定额基价 = 原定额基价 + 防水粉单价 × (防水粉换入量 − 防水粉换出量)

$\qquad$ = 961.87 + 1.30 × (90.90 − 55) = 961.87 + 1.30 × 35.90

$\qquad$ = 1008.54(元/100 m²)

材料用量(每 100 m²) 为：

32.5 级水泥：2.04 × 557 = 1136.28(kg)

粗净砂：2.04 × 1.11 = 2.26(m³)

防水粉：2.04 × 557 × 8% = 90.90(kg)

第五节　建筑安装工程单位估价表

一、单位估价表的概念和组成内容

(一)单位估价表的概念

单位估价表又称工程预算单价表，是以货币形式确定定额计量单位某分部分项工程或结构构件直接费用的文件。它是根据《全国统一建筑工程基础定额》或各省、市、自治区建筑工程预算定额规定的人工、材料、机械台班消耗数量，乘以本地区的人工工资单价、材料预算价格和机械台班预算价格汇总而成。

单位估价表最明显的特点是地区性强，所以也称为地区单位估价表。不同的地区分别使用各自的单位估价表，不能互通互用。单位估价表的地区特点是由人工单价和材料、机械台班预算价格的地区性决定的。

(二)单位估价表的组成

单位估价表的内容由两部分组成：一是相应预算定额规定的工、料、机消耗数量；二是与上述"三量"相对应的人工工资单价、材料预算价格和机械台班预算价格。

二、单位估价表的编制依据与编制步骤

(一)单位估价表的编制依据

(1)《全国统一建筑工程基础定额》或省、市、自治区建筑工程预算定额。

(2)地区现行的工资标准。

(3)地区现行的材料价格。

(4)地区现行的机械台班价格。

(5)国家和地区有关规定。

(二)单位估价表的编制步骤

单位估价表就是把分项工程"三量"(人工、材料、机械台班消耗量)与"三价"(人工、材料、机械台班预算价格)分别相乘，得出各分项工程人工费、材料费和机械使用费，最后汇总起来就是工程预算单价，即基价。每一定额计量单位分项工程预算单价计算公式如下：

分项工程直接工程费单价(基价)＝分项工程人工费＋分项工程材料费＋分项工程机械使用费

式中：分项工程人工费 ＝ $\sum$(人工工日消耗量 × 人工日工资单价)；

分项工程材料费 ＝ $\sum$(各种材料消耗量 × 相应的材料预算价格)；

分项工程材料费 ＝ $\sum$(机械台班消耗量 × 相应施工机械台班预算单价)；

表5-19是根据××省消耗量定额计算的砖墙单位估计表。

表5-19 砖墙单位估价表(10 m³)

工作内容：1.砖基础：调运砂浆、铺砂浆、运砖、清理基槽坑、砌砖等。

2.砖墙：调、运、铺砂浆，运砖；砌砖包括窗台虎头砖、腰线、门窗套，安放木砖、铁件等。

定额编号				A3-10	
项目名称				混水砖墙1砖	
基价(元)				2012.17	
其中	人工费(元)			482.40	
	材料费(元)			1511.21	
	机械费(元)			18.56	
类别	名称	单位	单价	数量	
人工	综合工日(土建)	工日	30.00	16.08	
材料	标准砖 240 mm×115 mm×53 mm	千块	219.00	5.4	
	混合砂浆(水泥32.5级)强度等级 M2.5	m³	145.37	2.25	
	水	m³	1.44	1.06	
机械	灰浆搅拌机 拌筒容量(200 L)	台班	48.84	0.38	

三、单位估价表与预算定额、综合预算定额的关系

单位估价表和综合预算定额是建筑工程预算定额在各地区的价格表现形式。

(一)单位估价表与预算定额的关系

预算定额是编制单位估价表的主要依据。单位估价表主要来源于预算定额的人工、材料消耗量和施工机械台班使用量。有了上述"三个量"和工资单价、材料预算单价及施工机械台班单价,就能编出预算定额单价,即分项工程预算价格。确切地说,预算定额只列人工、材料消耗量和施工机械台班使用数量,没有单价金额,不列预算价格,预算定额套上单价才能出现预算价格。

全国或地区统一的预算定额,如果套用某一地区的建筑安装工人日工资单价、材料和施工机械台班单价,就形成了某地区的单位估价表。换句话说,如果预算定额已经套上当地的人工、材料和机械台班单价,虽然名叫定额,实际上已经成为这个地区的单位估价表。

(二)单位估价表与综合预算定额的关系

1. 综合预算定额的含义

为了合理简化施工图预算的编制工作,预算定额在合理确定定额水平的前提下,适当扩大,做到简明适用,就产生了综合预算定额。

综合预算定额属于预算定额范畴,是工程预算单价的另一种表达方式。综合预算定额实在预算定额和单位估价表的基础上,以其主体项目为主,综合其他相关项目,以计价为主要用途的定额。为使施工单位承包工程时合理取费,综合预算定额水平基本保持稳定,略低于单位估价表。

2. 单位估价表与综合预算定额的比较

(1)单位估价表与综合预算定额的分部工程划分不一样。单位估价表是按施工工种、工程的材料构成划分的,例如砖石结构分部、混凝土及钢筋混凝土结构分部等;而综合预算定额则是按照工程主体构成、构造的立体部位来划分的,如基础工程分部、墙体工程分部等。

(2)单位估价表与综合预算定额项目所综合的工程内容不同,划分的粗细程度不一样。单位估价表分项较细,综合预算定额分项较粗。

(3)单位估价表与综合预算定额使用的主要用途不同,单位估价表主要适用于包工不包料施工的建筑工程,亦适用于专业分包工程,综合预算定额主要适用于包工包料的建筑工程。

(4)单位估价表的人工单价、材料价格和机械台班价格是综合预算定额编制的基础,二者一般要配合使用。单位估价表是综合预算定额基价换算的主要依据。当综合预算定额出现缺项时,可使用单位估价表相应项目。

[思考练习题]

一、单选题

1.预算定额人工消耗量指标不包括(　　　)。

1.基本用工　　　　B.材料超运距用工　C.辅助用工　　　　D.人工幅度差

2.预算定额中的材料消耗不包括(　　　)。

A.施工操作损耗　　　　　　　　　B.施工现场堆放损耗

C.场内运输损耗　　　　　　　　　D.场外运输损耗

3.预算定额人工幅度差主要是指(　　　)。

A.预算定额人工工日消耗量与施工劳动定额消耗量之差

B.预算定额人工工日消耗量与概算定额消耗量之差

C.预算定额人工工日消耗量测定带来的误差

D.预算定额人工工日消耗量与其净耗量之差

4.因购买的黄砂不合要求,需要对其进行筛砂处理,该人工消耗包含在(　　　)内。

A.基本用工　　　B.辅助用工　　　C.超运距用工　　　D.人工幅度差

5.质量检查和验收时的工时损失包含在(　　　)内。

A.基本用工　　　B.辅助用工　　　C.超运距用工　　　D.人工幅度差

二、多选题

1.预算定额编制原则有(　　　　　　)。

A.平均水平　　　B.先进水平　　　C.简明适用　　　D.简单适用

2.宜采用以"m²"为计量单位的预算定额项目有(　　　　　　)。

A.楼地面面层　　B.装饰抹灰　　　C.砌砖墙　　　　D.现浇圈梁

3.编制预算定额一般按以下几个阶段进行(　　　　　　)。

A.准备工作阶段　B.编制初稿阶段　C.修改和定稿阶段　D.水平测试阶段

4.预算定额人工消耗指标包括(　　　　　　)。

A.基本用工　　　B.材料超运距用工　C.辅助用工　　　D.人工幅度差

5.预算定额编制的依据有(　　　　　　)。

A.国家有关部门的有关制度与规定

B.现行设计、施工及验收规范,质量评定标准和安全技术规程

C.施工定额

D.施工图纸

E.有关新技术、新结构、新材料等的资料

[技能训练题]

1.编制 10 m³ 一砖半墙混水砖墙的预算定额项目表。技术测定资料如下:

(1)施工方法:砌筑采用手工操作,砂浆用砂浆搅拌机搅拌,水平运输采用双轮手推车等;

(2)材料现场内运输距离:根据施工组织确定砂子为 80 m,石灰膏为 150 m,砖为 170 m,砂浆为 180 m;

(3)各项目所占比重:综合取定一砖半混水砖墙内墙占 52.3%,混水外墙占 47.7%,经过若干个典型工程施工图样测算,内墙梁头、梁垫占墙体体积的百分率为 0.332%,外墙梁

头、梁垫占墙体体积的百分率为 0.115%，凸出部分占 1.25%；

（4）考虑如下加工因素：每 10 m³ 砖墙中，附墙烟囱及孔 3.4 m；弧形及圆形璇 0.6 m。预留构造柱孔 3 m，外墙门窗洞口面积超过 30%（门窗洞口面积占外墙总面积），每立方米墙加 0.06 工日；

（5）标准砖和砂浆的损耗率均为 1%；

（6）劳动定额规定，砌砖工程的小组人数为 22 人。

2. 根据本省市预算定额：

（1）计算 10 m³ 混水砖墙（一砖厚，M2.5 水泥混合砂浆砌筑）的综合人工、材料、机械台班的消耗量；

（2）计算 200 m³ 混水砖墙（一砖厚，M7.5 水泥混合砂浆砌筑）的综合人工、材料、机械台班的消耗量。

3. 有关生产要素的市场价格：人工 68 元/工日，标准砖 226.76 元/千块，水 2.12 元/m³，电 1.8 元/度，32.5 级水泥 0.376 元/kg，中净砂 41.15 元/m³，石灰膏 215.6 元/m³。试完成以下计算：

（1）试计算 10 m³ 混水砖墙（一砖厚，M2.5 水泥混合砂浆砌筑）的综合人工、材料、机械的消耗量；

（2）试计算 200 m³ 混水砖墙（一砖厚，M7.5 水泥混合砂浆砌筑）的综合人工、材料、机械的消耗量；

（3）试计算 300 m³ 混水砖墙（一砖厚，M7.5 水泥混合砂浆砌筑）总的人工费、材料费、机械费。

4. 有关生产要素的市场价格：人工 68 元/工日，水 2.12 元/m³，电 1.8 元/度，32.5 级水泥 0.376 元/kg，42.5 级水泥 0.428 元/kg，中净砂 41.15 元/m³，草袋子 1.95 元/m²，40 mm 砾石 91.27 元/m³，混凝土振捣器（插入式）30.22 元/kg。试完成以下计算：

（1）试计算 10 m³ 现浇混凝土基础梁（C25 砾 40 mm）的综合人工、材料、机械的消耗量；

（2）试计算 200 m³ 现浇混凝土基础梁（C30 砾 40 mm）的综合人工、材料、机械的消耗量；

（3）试计算 300 m³ 现浇混凝土基础梁（C25 砾 40 mm）总的人工费、材料费、机械费。

第六章　概算定额、概算指标和投资估算指标

【知识目标】

(1)了解概算定额的定义和作用,编制原理、方法和步骤,与预算定额的区别和联系;

(2)了解概算指标的定义,编制原理、方法和步骤;

(3)了解投资估算指标定义,编制原则、依据和步骤;

(4)了解工程造价指数的定义和作用;

(5)掌握概算定额内容及应用方法;

(6)掌握概算指标和投资估算指标内容及应用方法。

【技能目标】

(1)具有概算定额的应用能力;

(2)具有概算指标和投资估算指标的应用能力。

【素质目标】

(1)具有良好的职业道德和诚信品质;

(2)具有较强的责任感和踏实的工作作风及敢于担当的精神;

(3)具有创新能力、团队协作精神。

第一节　概算定额

一、概算定额概述

(一)概算定额的定义

概算定额是指生产一定计量单位的经扩大的建筑工程构件或分部分项工程所需要的人工、材料和机械台班的消耗数量及费用的标准。换言之,概算定额是在预算定额的基础上,根据有代表性的建筑工程通用图和标准图等资料,进行综合、扩大和合并而成。因此,建筑工程概算定额又称"扩大结构定额"。

概算定额是以扩大的分部分项工程为对象编制的,计算和确定该工程项目的劳动、机械台班、材料消耗量所使用的定额,也是一种计价性定额。概算定额是编制扩大初步设计概算、确定建设项目投资额的依据。

例如:砖基础带钢筋混凝土基础定额项目综合考虑了场地平整、挖槽(坑)、基底夯实、铺设垫层、钢筋混凝土基础、砖基础、防潮层、填土、运土等预算定额中的分项工程,又如现浇钢筋混凝土阳台定额项目综合包括了现浇钢筋混凝土结构的模板、钢筋、捣混凝土、阳台面上找平层、面层、板底抹灰、刷浆等预算定额中的分项工程。

(二)概算定额的分类

1.建筑工程概算定额

(1)土建工程概算定额;

(2)给水、排水、采暖通风概算定额;

(3)通信工程概算定额;

(4)电气、照明工程概算定额;

(5)工业管道工程概算定额。

2.设备安装工程概算定额

(1)机械设备与安装工程概算定额;

(2)电气安装工程概算定额;

(3)工器具及生产工具购置概算定额。

(三)概算定额的作用

1.概算定额是初步设计阶段编制建设项目概算和技术设计阶段编制修正概算的依据

工程建设程序规定:采用两阶段设计时,其初步设计阶段必须编制概算;采用三阶段设计时,其技术设计阶段还需编制修正概算,对拟建项目进行总估价,以控制工程建设投资额。而概算定额是编制初步设计概算和技术设计修正概算的重要依据。

2.概算定额是进行设计方案比较的依据

所谓设计方案比较,就是对设计方案的可行性、技术先进性和经济合理性进行评估;在满足使用功能的条件下,尽可能降低造价和资金消耗。概算定额的综合性及其所反映的实物消耗量指标,为设计方案比较提供了方便的条件。

3.概算定额是编制主要材料需要量的重要依据

根据概算定额所列的材料消耗量指标,可计算出工程材料的需求量。这样,在施工图设计之前就可以提出材料供应计划,ATMEL代理商为材料的采购和供应及做好施工准备提供充裕的时间。

4.概算定额是编制概算指标的依据

概算指标是从设计概算或施工图预(决)算文件中取出有关数据和资料进行编制的,而概算定额是编制概算文件的主要依据,因此,概算定额也是编制概算指标的重要依据

5.概算定额是实行工程总承包时作为已完工程价款结算的依据

(四)概算定额的内容

概算定额的内容一般由总说明、分部说明、概算定额项目表以及有关附录组成。

1.总说明是对定额的使用方法及共同性的问题所做的综合说明和规定

它一般包括如下几点:

(1)概算定额的性质和作用;

(2)定额的适用范围、编制依据和指导思想;

(3)有关定额的使用方法的统一规定;

(4)有关人工、材料、机械台班的规定和说明;

(5)有关定额的解释和管理。

2.建筑面积计算规范

建筑面积是以平方米(m^2)为计量单位,反映房屋建设规模的实物量指标。建筑面积计算规范由国家统一编制,是计算工业与民用建筑面积的依据。

3. 扩大分部工程定额

每一扩大分部定额均有章节说明、工程量计算和定额表。

例如,某省概算定额将单位工程分成 12 个扩大分部。其顺序如下:

第一章　土方工程　　　　　　　　第七章　屋盖工程

第二章　打桩工程　　　　　　　　第八章　门窗工程

第三章　基础工程　　　　　　　　第九章　构筑物工程

第四章　墙体工程　　　　　　　　第十章　附属工程及零星项目

第五章　柱、梁工程　　　　　　　第十一章　脚手架、垂直运输、超高施工增加费

第六章　楼地面、顶棚工程　　　　第十二章　大型施工机械进(退)场费

章节说明:是对本章节的编制内容、编制依据、使用方法所做的说明和规定。

工程量计算规则:是对本章节各项目工程量计算的规定。

4. 概算定额项目表

概算定额项目表是定额最基本的表现形式,内容包括计量单位、定额编号、项目名称、项目消耗量、定额基价及工料指标等。表 6 - 1 是某省概算定额表表式。

表 6 - 1　框架墙概算定额表

工作内容:砌筑、浇捣钢筋混凝土圈过梁,内墙面抹灰。　　　　　　　　　　　　　定额单位:m³

定额编号					4 - 30	4 - 31	4 - 32
项目					多孔砖墙厚 1 砖	加气混凝土砌墙砖 200 mm 厚	混凝土小型砌块砖 190 mm
					双面普通抹灰		
基价(元)					53.04	60.81	54.88
其中	人工费(元)				15.57	16.92	17.31
	材料费(元)				36.83	43.43	37.01
	机械费(元)				0.64	0.46	0.56
预算定额编号	项目名称	单位	单价(元)		消耗量		
3 - 35	砌多孔砖墙厚 1 砖	m³	164.00		0.197	—	—
3 - 66	混凝土小型砌块墙	m³	188.30		—	—	0.160
3 - 67	加气混凝土砌块墙	m³	219.60		—	0.164	—
4 - 36	现浇混凝土直形圈过梁复合木模	m²	17.26		0.035	0.029	0.028
4 - 136	C20 现浇现拌混凝土圈、过梁浇捣	m³	239.30		0.005	0.004	0.004
4 - 394	现浇构件螺纹钢制作安装	t	2607.00		0.001	0.001	0.001
11 - 66	砖或混凝土墙面界面处理	m²	2.22		—	2.000	2.000
11 - 6	砖墙、砌块墙面水泥砂浆抹灰	m²	8.72		0.600	0.600	0.060
11 - 11	砖墙、砌块墙面混合砂浆抹灰厚 200 mm	m²	8.16		1.400	1.400	1.400

名称		单位	单价(元)	消耗量		
人工	人工一类	工日	26.00	0.255	0.195	0.210
	人工二类	工日	30.00	0.298	0.395	0.395
材料	多孔砖 240 mm × 115 mm × 90 mm		319.00	0.067	—	—
	水		1.95	0.152	0.187	0.190
	复合模板		32.54	0.005	0.005	0.004
	木模		915.00	0.000	0.000	0.000
	32.5 级水泥		0.271	22.374	16.620	20.832
	综合净砂		41.37	0.128	0.089	0.102
	低合金螺纹钢综合		2301.00	0.001	0.001	0.001
	混凝土小砌块 390 mm × 190 mm × 190 mm		145.00	—	—	0.143
	加气混凝土砌块		185.00	—	0.158	—
	标准砖 240 mm × 115 mm × 53 mm		211.00	—	0.004	0.004
	碎粒粒径 40 mm 以内		32.90	0.006	0.005	0.013

表 6-2 预制钢筋混凝土(木)楼梯(混凝土包括梯底混凝土天棚面勾缝刷石灰水,木梯包括梯底板条天棚)

定额单位: m²

项目名称		预算价格 (元)	单位	定额编号	
				Ⅵ611/60 水泥砂浆梯面、 铁栏杆木扶手	Ⅵ611/4 砖砌栏杆、 水泥砂浆面
预算价值			元	50.26	39.06
人工			工日	3.11	2.75
水泥			kg	89.00	113
生石灰			kg	1	2
铁件			kg	2	
电焊条			kg	0.03	0.03
φ5 钢筋以内			t	0.0001	0.0001
φ10 钢筋以内			t	0.167	0.0184
φ10 钢筋以外			t	0.006	0.006
砂			m³	0.16	0.21
碎石			m³	0.18	0.19
硬木小方			m³	0.004	0.008
施工用	板材方材		m³	0.006	0.001
	圆木		m³	0.0016	

续表 6 - 2

项目名称		预算价格（元）	单位	定额编号	
				Ⅵ611/60 水泥砂浆梯面、铁栏杆木扶手	Ⅵ611/4 砖砌栏杆、水泥砂浆面
综合内容	梯梁预制	182.88	m³	0.066	0.066
	空心板	108.91	m³	0.018	0.018
	简支踏步	185.83	m³	0.087	0.087
	水泥砂浆梯面	282.88	m²	0.001	0.001
	混凝土勾缝刷石灰水	40.0	m²	0.001	0.001
	铁栏杆木扶手	24.04	m	0.8	
	砖砌栏杆	704.23	m		0.008

二、概算定额与预算定额的区别和联系

（一）概算定额与预算定额的区别

概算定额亦称扩大结构定额，它是在预算定额的基础上，根据通用图和标准图等资料，以主要工序为主综合相关工序适当扩大编制而成的扩大定额，是按主要分项工程规定的计量单位及综合相关工序的人工、材料和机械台班的消耗标准。

1. 所起的作用不同

概算编制在初步设计阶段，作为向国家和地区报批投资的文件，经审批后用以编制固定资产计划，是控制建设项目投资的依据；预算编制在施工图设计阶段，它起着确定建筑产品价格的作用，是工程项目招标的标底。

2. 编制依据不同

概算依据概算定额或概算指标进行编制，其内容项目经扩大而简化，概括性大，预算则依据预算定额和综合预算定额进行编制，其项目较详细，较重要。

3. 编制内容不同

概算应包括工程建设的全部内容，如总概算要考虑从筹建开始到竣工验收交付使用前所需的一切费用；预算一般不编制总预算，只编制单位工程预算和综合预算书，它不包括准备阶段的费用（如勘察、征地、生产职工培训费用等）

4. 编制的准确度不同

概算定额是比较笼统地估计，其中有很多的不确定因素在内，也有一些未考虑到的东西，通常是项目建议时采用，好的建议书概算应该保证在 ±40% 的偏差之内。

预算定额基本上是项目进入到初步设计阶段，提出的数据具有很强的明确性，具体到每一个小的实物和可能发生的费用，包括可能预计到的价格波动等，好的初步设计应该保证在 ±5% 的偏差之内。

5. 工程项目数量多少不同

预算定额的工程项目划分得较细，每一项目所包括的工程内容较单一；概算定额的工程

项目划分得较粗，每一项目所包括的工程内容较多，也就是把预算定额中的多项工程内容合并到一项之中了。因此，概算定额中的工程项目较预算定额中的项目要少得多。

6.编制人员的素质要求不同

进行预算时，设计者已经画出详细的施工详图，个别图上未表示出，而设计说明里交代了实施措施和处理办法的，也就是编制施工图设计预算的每项费用，都具备具体实物形象和尺寸，只要把握图纸内容，计算出来的数据都是实在的。

而概算是概括性的计算，建设项目开始实施时，由于缺少图纸和详细的说明书，概算是以规模产量或近似的空间需要展开的，概算者往往是勉强地依靠简单化的工艺流程图和建筑物的轮廓以及主要设施原理图进行工作。有时图上没有影子的东西，他也必须决定，就只得采用近似值估算了。因此，要求概算人员具有一定的设计、施工经验，能独立地进行某一单项工程或某专业或某结构的概算工作。凭经验，发挥想像力，科学地分析、判断，把图上没有的内容按工艺流程或工程结构和构造逐项推断列项，选择起决定作用的部位或部件进行计算。所以，参与编制概算的人员，特别是负责总概算人员的素质和资历都要求较高。

（二）概算定额与预算定额的联系

概算定额是在预算定额的基础上，将项目再进一步综合扩大后，按扩大后的工程项目为单位进行计算的定额。概算定额是预算定额的合并与扩大。它将预算定额中有联系的若干个分项工程项目综合为一个概算定额项目。概算定额与预算定额的相同之处在于，它们都是以建（构）筑物各个结构部分和分部分项工程为单位表示的，内容也包括人工、材料和机械台班使用量定额三个基本部分，并列有基准价。概算定额表达的主要内容、主要方式及基本使用方法都与预算定额相近。

三、概算定额的编制

（一）概算定额的编制依据

(1)现行的全国通用设计规范、施工验收规范、标准图集等；

(2)现行的建筑安装工程预算定额或综合预算定额；

(3)现行的人工工资标准、机械台班费用、材料预算价格等；

(4)现行的建筑安装工程统一劳动定额，标准设计和代表性的设计图纸；

(5)现行的有关规定及有关设计预算、施工结算等建筑经济资料。

（二）概算定额的编制原则

(1)概算定额的编制深度，要适应设计、计划、统计和拨款的要求。在保证具有一定的准确性的前提下，应做到简明易懂、项目齐全、计算简单、准确可靠。

(2)概算定额在综合过程中，应使概算定额与预算定额之间留有余地，即两者之间将产生一定的允许幅度差，一般应控制在5%以内，这样才能使设计概算起到控制施工图预算的作用。

(3)为了稳定概算定额水平，统一考核和简化计算工作量，并考虑到扩大初步设计图的深度条件，概算定额的编制尽量不留活口或少留活口。对于设计和施工变化多而影响工程量多、价差大的，应根据有关资料进行测算，综合取定常用数值，对个性数值，可适当留活口。

(三)编制概算定额的一般要求

(1)概算定额的编制深度,要适应设计深度的要求,因为概算定额的编制是在设计阶段进行的,所以要与设计深度相适应,才能保证概算的准确性。

(2)概算定额水平的确定应与预算定额、综合预算定额的水平基本一致。它必须反映在正常条件下大多数企业的设计、生产、施工和管理水平。

(3)概算定额是在预算定额或综合预算定额的基础上,适当地进行扩大、综合和简化,因而在工程标准、施工方法和工程量取值等方面要进行综合。

(4)概算定额与预算定额或综合预算定额之间必将产生并允许留有一定的幅度差,以便根据概算定额编制的概算能够控制施工图预算。

(四)概算定额的编制步骤

概算定额的编制一般分三阶段进行,即准备阶段、编制初稿阶段和审查定稿阶段。

1. 准备阶段

该阶段首先成立编制小组,确定编制机构和人员组成,进行调查研究,拟定工作方案,了解现行概算定额执行情况和存在问题,明确编制的目的,制定概算定额的编制方案和确定概算定额的项目。

2. 编制初稿阶段

该阶段是根据已经确定的编制方案和概算定额项目,收集和整理各种编制依据,对各种资料进行深入细致的测算和分析,确定人工、材料和机械台班的消耗量指标,最后编制概算定额初稿。

该阶段要测算概算定额水平。内容包括两个方面:新编概算定额与原概算定额的水平测算,概算定额与预算定额的水平测算。

3. 审查定稿阶段

该阶段的主要工作是测算概算定额水平,即测算新编制概算定额与原概算定额及现行预算定额之间的水平。测算的方法既要分项进行测算,又要通过编制单位工程概算以单位工程为对象进行综合测算。概算定额水平与预算定额水平之间应有一定的幅度差,幅度差一般在5%以内。

四、概算定额的应用

(一)概算定额应用原则

(1)符合概算定额规定的应用范围;

(2)工程内容、计量单位及综合程度应与概算定额一致;

(3)必要的调整和换算应严格按定额的文字说明和附录进行;

(4)避免重复计算和漏项;

(5)参考预算定额的应用规则。

(二)概算定额的应用步骤

利用概算定额编制单位建筑工程概算的方法,与利用预算定额编制单位建筑工程施工图预算的方法基本相同。概算书所用表式与预算书表式基本相同。利用概算定额编制概算的具体步骤如下：

1. 列出单位工程中分项工程的名称或扩大分项工程项目名称并计算其工程量

按照概算定额分部分项顺序，列出各分项工程的名称。工程量计算应按概算定额中规定的工程量计算规则进行，并将所得到的各分项工程量按概算定额编号顺序，添入工程概算表内。

2. 确定各分部分项工程项目的概算定额单价

计算完工程量后，查概算定额的相应项目，逐项套用相应定额单价、人工和材料消耗指标。然后分别将其添入工程概算表和工料分析表中。

3. 计算各分部分项工程的直接费用和总直接费用

将已算出的各分部分项工程项目的工程量及在概算定额中已查出的相应定额单价和单位人工、材料消耗指标分别相乘，即可得到各分项工程的直接费和人工、材料消耗量。汇总各分项工程的直接费和人工、材料消耗量，即可得到该单位工程的直接费和工料的总消耗量，再汇总其他直接费即可得到该单位工程的总直接费。

4. 计算间接费用、利润和税金

根据总直接费、各项施工取费标准，分别计算间接费、利润和税金等费用。

5. 计算单位工程概算造价

$$单位工程概算造价 = 总直接费 + 间接费 + 计划利润 + 税金$$

五、工程概算

(一) 概算的定义

概算是在初步设计或扩大初步设计阶段，由设计单位根据初步设计或扩大初步设计图纸，概算定额、指标，工程量计算规则，材料、设备的预算单价，建设主管部门颁发的有关费用定额或取费标准等资料，预先计算工程从筹建至竣工验收交付使用全过程建设费用的经济文件。简言之，即计算建设项目的总费用。

(二) 概算的作用

1. 编制建设项目投资计划、确定和控制建设项目投资的依据

国家规定编制年度固定资产投资计划，确定计划投资总额及其构成数额，要以批准的初步设计概算为依据，没有批准的初步设计及其概算的建设工程不能列入年度固定资产投资计划；经批准的建设项目设计总概算的投资额，是该工程建设投资的最高限额。

2. 签订建设工程合同和贷款合同的依据

《中华人民共和国合同法》明确规定，建设工程合同是承包人进行工程建设，发包人支付价款的合同。合同价款的多少是以设计概预算为依据的，而且总承包合同不得超过总概算的投资额。设计概算是银行拨款或签订贷款合同的最高限额、建设项目的全部拨款或贷款以及各单项工程的拨款或贷款的累计总额，不能超过设计概算。

3. 控制施工图设计和施工图预算的依据

经批准的设计概算是建设项目投资的最高限额，设计单位必须按照批准的初步设计和总概算进行施工图设计，施工图预算不能突破设计概算。如需要突破总概算时，应按规定程序报经批准。

4.衡量设计方案技术经济合理性和选择最佳方案的依据

设计单位必须按照批准的初步设计和总概算进行施工图设计,施工图预算不得突破设计概算,如确需突破总概算时,应按规定程序报批。

5.考核建设项目投资效果的依据

通过设计概算和竣工决算对比,可以分析和考核投资效果的好坏,同时还可以验证设计概算的准确性,有助于加强设计概算管理和建设项目的造价管理工作。

6.签订建设工程承发包合同和贷款合同的依据

在国家颁布的合同法中明确规定,建设工程合同价款是以设计概、预算价为依据,且总承包合同不得超过设计总概算的投资额。银行贷款或各单项工程的拨款累计总额不能超过设计概算,如果项目投资计划所列支投资额与贷款突破设计概算时,必须查明原因,之后由建设单位报请上级主管部门调整或追加设计概算总投资,未批准之前,银行对其超支部分拒不拨付。

7.衡量设计方案技术经济合理性和选择最佳设计方案的依据

设计部门在初步设计阶段要选择最佳设计方案,设计概算是从经济角度衡量设计方案经济合理性的重要依据。因此,设计概算是衡量设计方案技术经济合理性和选择最佳设计方案的依据。

(三)概算的分类

1.设计概算

设计概算是在初步设计或扩大初步设计阶段,由设计单位根据初步设计或扩大初步设计图纸,概算定额、指标,工程量计算规则,材料、设备的预算单价,建设主管部门颁发的有关费用定额或取费标准等资料预先计算工程从筹建至竣工验收交付使用全过程建设费用经济文件。简言之,即计算建设项目总费用。

2.修正概算

在技术设计阶段,由于设计内容与初步设计的差异,设计单位应对投资进行具体核算,对初步设计概算进行修正而形成的经济文件。其作用与设计概算相同。

(四)概算编制应注意的问题

1.计算基础的选择

我国预算制度规定:当初步设计或扩大初步设计有一定深度,建筑和结构的设计又比较明确,有关的工程量数据基本上能满足执行概算定额编概算的要求时,可以根据概算定额结合有关的取费标准及规定编制设计概算。当设计深度不够,编制依据不齐全时,可以用概算指标编制概算。

目前,概算的计算基础很混乱,编制概算时,不分情况又使用预算定额,拉不开档次,分不清设计各个阶段。

另一种混乱现象是,在同一单位工程内,有的分部工程使用概算定额单价,有的分部工程使用预算定额单价,有的分部工程使用所谓的"技术经济指标"牵强附会地拉扯在一起,口径不统一,产生的幅度差也很大。应该指出的是,在初步设计总概算的编制中,除了定型设计和重复使用的设计之外,应避免使用"技术经济指标"。确实因初步设计深度不够,必须使用"技术经济指标"时,也应根据项目结构和工艺特点合理选用。

2.概算工程量及单价的确定

概算的工程量，很大一部分是通过想像和推断罗列的，按着概算定额或概算指标的规定，依据初步设计确定的，一方面需要概算人员有丰富的实践经验，还需要概算人员熟练地掌握概算定额和概算指标。而分部工程的价格，以及构成项目三要素的人工、材料、机械台班的价格，都是不能凭想像和判断得出的。因为价格不是哪个人可以主观制定的，它受到劳动力价格和设备、材料市场价格的影响，随着时间的推移而在不断变化。因此，概算人员要了解市场、熟悉市场，并根据当地当期的生产要素指导价格合理确定。

（五）概算的编制方法

单位工程概算分建筑工程概算和设备及安装工程概算两大类。

1.单位建筑工程概算编制方法

（1）概算定额法。具体步骤如下：

1）按照概算定额分部分项顺序，列出各分项工程的名称。

2）确定各分部分项工程项目的概算定额单价。（一般套用概算定额或经调整的指标）

计算概算定额单价的公式如下：

概算定额单价＝概算定额人工费＋概算定额材料费＋概算定额机械台班使用费

$$= \sum (概算定额中人工消耗量 \times 人工单价)$$

$$+ \sum (概算定额中材料消耗量 \times 材料预算单价)$$

$$+ \sum (概算定额中机械台班消耗量 \times 机械台班单价)$$

3）计算单位工程直接工程费和直接费。

4）根据直接费，结合其他各项取费标准，分别计算间接费、利润和税金。

5）计算单位工程概算造价：

$$单位工程概算造价＝直接费＋间接费＋利润＋税金$$

（2）概算指标法。概算指标法采用直接工程费指标，是将拟建工程的建筑面积或体积乘以技术条件相同或基本相同的概算指标而得出直接工程费，然后按规定计算措施费、间接费、利润和税金等。

该方法适用于初步设计深度不够，不能准确地计算工程量，但工程设计是采用技术比较成熟而又有类似工程概算指标可以利用的情况。因此，其计算精度较低。在资产评估中，可作为估算建（构）筑物重置成本的参考方法。

1）拟建工程结构特征与概算指标相同时的计算。

在直接套用概算指标时，拟建工程应符合以下条件：

①拟建工程的建设地点与概算指标中的工程建设地点相同；

②拟建工程的工程特征和结构特征与概算指标中的工程特征、结构特征基本相同；

③拟建工程的建筑面积与概算指标中工程的建筑面积相差不大。

根据选用的概算指标内容，可选用两种套算方法：

套算方法Ⅰ，以指标中所规定的工程每平方米（立方米）的造价，乘以拟建单位工程建筑面积（体积），得出单位工程的直接工程费，再行计算其他费用，即可求出单位工程的概算造价。直接工程费计算公式如下：

直接工程费＝概算指标每平方米(立方米)工程造价×拟建工程建筑面积(体积)

这种简化方法的计算结果参照的是概算指标编制时期的价值标准，未考虑拟建工程建设时期与概算指标编制时期的价差，因此，在计算直接工程费后还应用物价指数另行调整。

套算方法Ⅱ，以概算指标中规定的每100 m² 建筑物面积(或1000 m³)所耗人工工日数、主要材料数量为依据，首先计算拟建工程人工、主要材料消耗量，再计算直接工程费，并取费。在概算指标中，一般规定了100 m² 建筑物面积(或1000 m³)所耗工日数、主要材料数量，通过套用拟建地区当时的人工费单价和主材预算单价，便可得到每100 m²(或1000 m³)建筑物的人工费和主材费而无须再做价差调整。计算公式如下：

100 m² 建筑物面积的人工费＝指标规定的工日数×本地区工日单价

100 m² 建筑物面积的主要材料费＝$\sum$(指标规定的主要材料数量×相应的地区材料预算单价)

100 m² 建筑物面积的其他材料费＝主要材料费×其他材料费占主要材料费的百分比

100 m² 建筑物面积的机械使用费＝(人工费＋主要材料费＋其他材料费)×机械使用费所占百分比

每平方米建筑面积的直接工程费＝(人工费＋主要材料费＋其他材料费＋机械使用费)÷100

根据直接工程费，结合其他各项取费方法，分别计算措施费、间接费、利润和税金。得到每平方米建筑面积的概算单价，乘以拟建单位工程的建筑面积，即可得到单位工程概算造价。

2)拟建工程结构特征与概算指标有局部差异时的调整。

当拟建对象的结构特征与概算指标中规定的结构特征有局部不同时，须对概算指标进行调整后方可套用。

①调整概算指标中的每平方米(立方米)造价。

将原概算指标中的单方造价进行调整——扣除原概算指标中与拟建工程结构不同部分的造价，增加拟建工程与概算指标结构不同部分的造价，使其成为与拟建工程结构相同的工程单位直接工程费造价。计算公式如下：

$$结构变化修正概算指标(元/m^2) = J + Q_1 P_1 - Q_2 P_2$$

式中：J——原概算指标；

Q_1——概算指标中换入结构的工程量；

Q_2——概算指标中换出结构的工程量；

P_1——换入结构的直接工程费单价；

P_2——换出结构的直接工程费单价。

则拟建工程造价为：

$$直接工程费 = 修正后的概算指标×拟建工程建筑面积(体积)$$

求出直接工程费后，再按照规定的取费方法计算其他费用，最终得到单位工程概算价值。

②调整概算指标中的工、料、机数量。

这种方法是将原概算指标中每100 m²(1000 m³)建筑面积(体积)中的工、料、机数量进行调整，扣除原概算指标中与拟建工程结构不同部分的工、料、机消耗量，增加拟建工程与概算指标结构不同部分的工、料、机消耗量，使其成为与拟建工程结构相同的工、料、机数量。计算公式如下：

结构变化修正概算指标的工、料、机数量＝原概算指标的工、料、机数量＋换入结构件工程量×相应定额工、料、机消耗量－换出结构件工程量×相应额定工、料、机消耗量

以上两种方法，前者是直接修正概算指标单价，后者是修正概算指标工、料、机数量。

（3）类似工程预算法。类似工程预算法是利用技术条件与设计对象相类似的已完工程或在建工程的工程造价资料来编制拟建工程设计概算的方法。该方法适用于拟建工程初步设计与已完工程或在建工程的设计相类似又没有可用的概算指标的情况，但必须对建筑结构差异和价差进行调整。

1）建筑结构差异的调整。

调整方法与概算指标法的调整方法相同。即先确定有差别的项目，然后分别按每一项目算出结构构件的工程量和单位价格（按编制概算工程所在地区的单价），然后以类似预算中相应（有差别）的结构构件的工程数量和单价为基础，算出总差价。将类似预算的直接工程费总额减去（或加上）这部分差价，就得到结构差异换算后的直接工程费，再行取费得到结构差异换算后的造价。

2）价差调整。类似工程造价的价差调整方法通常有两种：一是类似工程造价资料有具体的人工、材料、机械台班的用量时，可按类似工程造价资料中的主要材料用量、工日数量、机械台班用量乘以拟建工程所在地的主要材料预算价格、人工单价、机械台班单价，计算出直接工程费，再行取费，即可得出所需的造价指标；二是类似工程造价资料只有人工、材料、机械台班费用和其他费用时，可按下面公式调整：

$$D = A \times K$$

$$K = a\% \times K_1 + b\% \times K_2 + c\% \times K_3 + d\% \times K_4 + e\% \times K_5$$

式中：D——拟建工程单方概算造价；

A——类似工程单方预算造价；

K——综合调整系数；

$a\%$、$b\%$、$c\%$、$d\%$、$e\%$——类似工程预算的人工费、材料费、机械台班费、措施费、间接费占预算造价的比重；

K_1、K_2、K_3、K_4、K_5——拟建工程地区与类似工程地区人工费、材料费、机械台班费、措施费、间接费价差系数。

$$K_1 = \frac{拟建工程概算的人工费（或工资标准）}{类似工程预算人工费（或工资标准）},$$

$$K_2 = \frac{\sum（类似工程主要材料数量 \times 编制概算地区材料预算价格）}{\sum 类似地区各主要材料费}$$

其他指标计算思路同上。

2. 单位设备及安装工程概算编制方法

（1）设备购置费概算。设备购置费由设备原价和运杂费两项组成。

$$设备运杂费 = 设备原价 \times 运杂费率$$

（2）设备安装工程概算的编制方法。

1）预算单价法。当初步设计较深，有详细的设备清单时，可直接按安装工程预算定额单

价编制设备安装工程概算，概算程序与安装工程施工图预算程序基本相同。

2)扩大单价法。当初步设计深度不够，设备清单不完备，只有主体设备或仅有成套设备重量时，可采用主体设备、成套设备的综合扩大安装单价来编制概算。

3)设备价值百分比法。当初步设计深度不够，只有设备出厂价而无详细规格、重量时，安装费可按其占设备费的百分比计算。常用于价格波动不大的定型产品和通用设备产品。计算公式为：

$$设备安装费 = 设备原价 \times 安装费率$$

4)综合吨位指标法。常用于设备价格波动较大的非标准设备和引进设备的安装工程概算。计算公式为：

$$设备安装费 = 设备吨重 \times 每吨设备安装费指标$$

六、概算定额的应用实例

1.工程概况

某校综合楼：框架六层，建筑面积为 10595 m^2。

2.编制依据

本工程根据学校要求编制综合楼工程初步设计概算。

3.定额及定额编制依据

(1)《××省建筑工程概算定额》，

(2)《××省建筑工程综合预算定额》，

(3)《××省建筑安装工程费用定额》，

(4)《××省建设工程造价编制与审核暂行办法》的通知。

建筑工程概算示例见表6-4。

表6-4　建筑工程概算表

项目名称：学校综合楼　　　　　　单项工程：综合楼土建工程

序号	编制	名称及规格型号	单位	数量	单价(元)		总价(元)	
					施工费(元)		施工费(元)	
					合计	工资	合计	工资
一		墙体工程						
	3-7	KP1多孔砖1砖墙	10 m^2	576.60	461.26	97.46	265962.52	56195.44
	3-12	KM1多孔砖1砖墙	10 m^2	523.60	599.83	138.16	314070.99	72340.58
	3-31	砖砌女儿墙	10 m^2	25.00	963.35	268.18	24083.75	6704.50
	估价	防水涂料	10 m^2	602.60	1000.00			
	3-34	铝合金玻璃幕墙	10 m^2	68.60	4429.36	320.54	602600.00	21989.14
二		楼地面、天棚工程			1019.80			
	5-22	普通水磨石面层	10 m^2	989.20	1071.60	173.36	1060026.72	171487.71

序号	编制	名称及规格型号	单位	数量	单价(元)		总价(元)	
					施工费(元)		施工费(元)	
					合计	工资	合计	工资
5－39		地砖面层	10 m²	30.60	2014.07			
5－52		现浇整体楼梯彩色水磨石面层	10 m²	39.70	3598.93	1120.68	142877.52	44491.00
5－69		现浇钢筋混凝土雨篷	10 m²	9.70	1736.68	445.72	16845.80	4323.48
5－78		铝合金条板天棚	10 m²	30.60	1909.92	76.12	58443.55	2329.27
5－80		混凝土散水	10 m²	13.00	303.86	86.68	3950.18	1126.84
5－85		混凝土台阶	10 m²	12.70	5812.69	359.92	73821.16	4570.98
三		屋盖工程						
6－44		三元乙丙卷材	10 m²	168.00	385.58		64774.08	
	估价	2.5 mm 厚欧文斯科宁墙面保温板	10 m²	168.00	700.00		117600.00	
6－93		玻璃钢弯头落水口	10 只	2.00	163.66	42.46	327.32	84.92
6－90		玻璃钢弯头落水管	10 m²	47.20	148.55	14.08	7011.56	664.58
四		门窗工程						
7－1		单扇镶板门	10 m²	19.40	1142.58	195.14	22166.05	3785.72
7－2		双扇镶板门	10 m²	7.60	962.39	173.14	7314.16	1315.86
7－20		铝合金门	10 m²	4.80	2746.37	191.40	13182.58	918.72
7－25		铝合金窗	10 m²	172.80	2149.30	166.54	371399.04	28778.11
五		外墙面脚手架						
10－2		外墙脚手架	10 m²	577.60	124.67	25.08	72009.39	14486.21
	估价		部	3.00	240000		720000	
六								
1－29		平整场地	1000 m²	2.57	328.81	22.00	845.04	56.54
1－31		填土	1000 m²	2.72	3094.71	1324.00	8417.51	3601.28
1－23		运土	1000 m²	10.75	15550.83	11.88	167171.42	127.71
1－18		挖土	1000 m²	13.48	3500.83	132.00	47156.18	1778.04
4－14		圈梁 C20	10 m²	2.00	12422.98	1879.68	24845.96	3759.36
4－3		构造柱 C20	10 m²	1.50	13428.76	3116.40	20143.14	4674.60
2－20		设备基础	10 m²	1.00	6079.80	1376.54	6070.80	1376.54
1－13		垫层 C10	10 m²	17.11	7647.73	1519.10	130852.66	25991.80

续表 6 – 4

序号	编制	名称及规格型号	单位	数量	单价(元) 施工费(元) 合计	工资	总价(元) 施工费(元) 合计	工资
1 – 13		地下室底板 C30	10 m²	70.54	7647.73	1519.10	539470.87	107157.31
3 – 26		地下室侧壁 C30	10 m²	102.40	2436.98	370.04	249546.75	37892.10
8 – 61		水池侧板 C30	10 m²	2.98	11042.11	1353.44	32905.49	4033.25
8 – 57		水池底板	10 m²	2.02	5130.92	424.82	12364.46	858.14
2 – 15		基础梁	10 m²	31.84	9049.16	1320.66	288125.25	42049.81
2 – 11		桩承台 C25	10 m²	28.88	5128.23	1240.58	148103.28	35827.95
2 – 28		钻孔灌注桩 C20	10 m²	65.52	9604.00	1442.32	629254.08	94500.81
5 – 18		板 C30	10 m²	872.10	1391.33	186.34	1203378.89	162507.11
4 – 14		C30	10 m²	110.66	12422.98	1879.68	1374726.97	208005.39
4 – 15		C30	10 m²	19.73	14136.77	2654.08	278916.47	52365.00
4 – 3		柱 C30	10 m²	3.76	13428.76	3116.40	50492.14	11317.66
4 – 4		柱 C30	10 m²	14.11	13947.26	1728.76	182685.84	24392.80
4 – 5		柱 C30	10 m²	28.79	12566.23	1990.12	361781.76	57295.55
4 – 14		小计					9369217.08	1308860.40
		电梯估价小计					720000.00	
(1)		定额直接费					9369217.08	1308860.40
(2)		人工费调整					239792.80	
(3)		综合间接费		(1)×17.7%			1658351.42	
(4)		劳动保险费		(1)×3.7%			346661.03	
(5)		现场文明安全施工费		(1)×0.6%			66215.30	
(6)		其他费用					93692.17	
(7)		税金		[(1)+(2)+(3)+(4)+(5)+(6)]×3.44%			404679.19	
(8)		工程造价		(1)+(2)+(3)+(4)+(5)+(6)+(7)			12168608.99	

第二节　概算指标

一、概算指标概述

(一)概算指标的定义

概算指标是以每平方米、或每 100 平方米、或每幢建筑物、或每座构筑物、或每千米道路为计量单位,规定完成相应计量单位的建筑物或构筑物所需人工、材料和施工机械台班消耗量与相应费用的指标。

(二)概算指标的内容

概算指标比概算定额更加综合扩大,其主要内容包括五部分:

(1)总说明:说明概算指标的编制依据、适用范围、使用方法等。

(2)示意图:说明工程的结构形式。工业项目中还应表示出吊车规格等技术参数。

(3)结构特征:详细说明主要工程的结构形式、层高、层数和建筑面积等。

(4)经济指标:说明该项目每 100 m² 或每座构筑物的造价指标,以及其中土建、水暖、电器照明等单位工程的相应造价。

(5)分部分项工程构造内容及工程量指标:说明该工程项目各分部分项工程的构造内容,相应计量单位的工程量指标,以及人工、材料消耗指标。

(三)概算指标的特点

概算指标与概算定额、预算定额相比,具有以下几个特点:

(1)概算指标核算对象是成品——建筑物或构筑物,是可供使用的最终产品,如多层混合结构住宅、单层排梁结构工业厂房、20 层框剪结构商住楼等;而概算定额、预算定额核算对象是不能提供使用效益的半成品——分项工程,如钢筋混凝土独立基础、水刷石墙面粉刷等。

(2)概算指标对工程建设产品提供的核算尺度有两部分:实物指标——人工、材料和施工机械台班消耗量;经济指标——直接费用标准和其他费用(包括间接费、利润和税金)标准。

(3)概算指标不仅列出多种指标,而且还须列出工程概况和主要构造特征,必要时还须画出示意图。

(4)由于概算指标是用来规定完成一定计量的建筑物或构筑物所得全部施工过程的经济指标和实物消耗指标,所以它具有较高的综合性。利用概算指标编制投资估算或初步设计概算,能满足时效性要求极强的工作的需要,但其精确程度稍低。

(四)概算指标的组成

概算指标一般由下述四方面组成:

(1)工程概况:一般以表格和示意图(主要平、剖面图)的形式说明工程的类别、规模、建筑与结构特征、水暖电等设施配置等概况。

(2)经济指标:说明该项目每一计量单位(建筑面积或建筑体积等)的造价指标及其中土建、水暖、电照等单位工程的造价。

(3)构造内容及工程量指标:说明该项目的构造内容和每一计量单位的工程量指标。

(4)主要材料消耗指标：说明该项目每一计量单位(建筑面积或建筑体积或万元造价)的土建、水暖、电照等单位工程的各种主要材料的消耗指标。

二、概算指标的编制

(一)概算指标的编制依据

(1)标准设计图纸和各类工程典型设计。

(2)国家颁发的建筑标准、设计规范、施工规范等。

(3)各类工程造价资料。

(4)现行的概算定额、预算定额及补充定额。

(5)人工工资标准、材料预算价格、机械台班预算价格及其他价格资料。

(二)概算指标编制方法

下面以房屋建筑工程为例，对概算指标编制方法做简要概述。

(1)编制概算指标。首先要根据选择好的设计图纸，计算出每一结构构件或分部工程的工程数量。计算工程量的目的有两个：第一是以 1000 m³ 建筑体积为计算单位，换算出某种类型建筑物所含的各结构构件和分部工程量指标。

工程量指标是概算指标中的重要内容，它详尽地说明了建筑物的结构特征，同时也规定了概算指标的适用范围。计算工程量的另一目的，是为了计算出人工、材料和机械的消耗量指标，计算出工程的单位造价。所以计算标准设计和典型设计的工程量，是编制概算指标的重要环节。

(2)在计算工程量指标的基础上，确定人工、材料和机械的消耗量。确定的方法是按照所选择的设计图纸，现行的概预算定额，各类价格资料，编制单位工程概算或预算，并将各种人工、机械和材料的消耗量汇总，计算出人工、材料和机械的总用量。

(3)最后再计算出每平方米建筑面积和每立方米建筑物体积的单位造价，计算出该计量单位所需要的主要人工、材料和机械实物消耗量指标，次要人工、材料和机械的消耗量，综合为其他人工、其他机械、其他材料，用金额"元"表示。

对于经过上述编制方法确定和计算出的概算指标，要经过比较平衡、调整和水平测算对比以及试算修订，才能最后定稿报批。

(三)概算指标的编制步骤

以房屋建筑工程为例，概算指标可按以下步骤进行编制：

(1)成立编制小组，拟定工作方案，明确编制原则和方法，确定指标的内容及表现形式，确定基价所依据的人工工资单价、材料预算价格、机械台班单价。

(2)收集整理编制指标所必需的标准设计、典型设计以及有代表性的工程设计图纸，设计预算等资料，充分利用有使用价值的已经积累的工程造价资料。

(3)按指标内容及表现形式的要求进行具体的计算分析，工程量尽可能利用经过审定的工程竣工结算的工程量，以及可以利用的可靠的工程量数据。按基价所依据的价格要求计算综合指标，并计算必要的主要材料消耗指标，用于调整价差的万元工、料、机消耗指标，一般可按不同类型工程划分项目进行计算。

(4)最后经过核对审核、平衡分析、水平测算、审查定稿。随着有使用价值的工程造价资料积累制度和数据库的建立，以及电子计算机、网络的充分发展利用，概算指标的编制工作将得到根本改观。

每百平方米或万元工业建筑工程平均综合材料耗用量见表6-5。

表6-5 每百平方米或万元工业建筑工程平均综合材料耗用量

序号	结构类型	计量单位	钢筋(t)	型钢(t)	水泥(t)	木材(m³)	砖(千块)	瓦(千张)	砂(m³)	石子(m³)	毛石(m³)	石灰(t)	电线(t)	镀锌管(t)	焊接管(t)	铸铁管(t)	无缝管(t)
1	钢混	100 m²	2.8	0.9	15.3	4.5	16.4		36.3	33	3	0.83	0.033	0.034	0.146	0.145	
		万元	2.29	0.94	16	4.68	17.1		38	34.4	3.12	0.86	0.034	0.035	0.152	0.151	
2	混合	100 m²	2.31	1.05	10.9	4.28	13.4		3.4	25.6	17.4	1	0.027	0.053	0.082	0.146	0.012
		万元	2.71	1.24	12.2	5.04	15.8		40	30.1	20.5	1.18	0.032	0.062	0.096	0.172	0.014
3	砖木	100 m²	0.181		4.9	8.88	15.7	1.92	17.5	7.6		14.2	0.004		0.04		
		万元	0.278		7.54	13.7	24.1	2.95	26.9	11.7		2.18	0.006		0.062		

一般工业厂房技术经济指标见表6-6。

表6-6 机械加工装配车间

工程名称	机械加工装配车间		建筑面积(m²)	4866	结构类型	钢筋混凝土

每平方米经济技术指标

造 价			主要材料消耗量				
合 计		86.55	型钢	kg	4.59	石灰	kg	12.6
其中	土建	69	钢筋	kg	14.67	电线	kg	0.07
	给排水	1.11	水泥	kg	79.5	镀锌钢管	kg	0.01
	动、照	10.53	工程用木材	m³	0.0149	焊接钢管	kg	0.7
	吊车轨道安装	5.91	摊销用木材	m³		铸铁管	kg	0.9
			砖	块	86.1	坑管	kg	
			瓦	块		无缝钢管	kg	
			砂	m³	0.163			
			石子	m³	0.189			
			毛石	m³				

建筑结构主要特征

基础	钢筋混凝土杯形基础、砖基础	地面	混凝土地坪
墙身	砖墙	楼面	钢筋混凝土肋形楼板
梁柱	钢筋混凝土梁、吊车、柱	屋盖	大型屋面板、二毡三油
门窗	木门窗		

注：三跨带天窗单层厂房长6.0×16=96(m)；宽18+15+15=48(m)；檐高分别为10 m、10 m、7 m。吊车吨位分别为：30 t、5 t、3 t。

第三节 投资估算指标

一、投资估算指标概述

(一)投资估算指标的定义

投资估算指标,是在编制项目建议书、可行性研究报告和编制设计任务书阶段进行投资估算、计算投资需要量时使用的一种定额。也是确定和控制建设项目全过程各项投资支出的技术经济指标。其范围涉及建设前期、建设实施期和竣工验收交付使用期等各个阶段的费用支出。

(二)投资估算指标的特点

它具有较强的综合性、概括性,往往以独立的单项工程或完整的工程项目为计算对象。它的概略程度与可行性研究阶段相适应。它的主要作用是为项目决策和投资控制提供依据,是一种扩大的技术经济指标。投资估算指标虽然往往根据历史的预、决算资料和价格变动等资料编制,但其编制基础仍离不开预算定额、概算定额。

(三)投资估算指标的意义

工程建设投资估算指标是编制建设项目建议书、可行性研究报告等前期工作阶段投资估算的依据,也可以作为编制固定资产长远规划投资额的参考。投资估算指标为完成项目建设的投资估算提供依据和手段,它在固定资产的形成过程中起着投资预测、投资控制、投资效益分析的作用,是合理确定项目投资的基础。投资估算指标中的主要材料消耗量也是一种扩大材料消耗量指标,可以作为计算建设项目主要材料消耗量的基础。估算指标的正确制定对提高投资估算的准确度,对建设项目的合理评估、正确决策具有重要意义。

二、投资估算指标的作用

投资估算指标是确定和控制建设项目全过程各项投资支出的技术经济指标,其范围涉及建设前期、建设实施期和竣工验收交付使用期等各个阶段的费用支出,内容因行业不同而各异,一般可分为建设项目综合指标、单项工程指标和单位工程指标三个层次。

1. 建设项目综合指标

建设项目综合指标指按规定应列入建设项目总投资的从立项筹建开始至竣工验收交付使用的全部投资额,包括单项工程投资、工程建设其他费用和预备费等。

建设项目综合指标一般以项目的综合生产能力单位投资表示,如"元/吨"、"元/千瓦",或以使用功能表示,如医院的"元/床"。

2. 单项工程指标

单项工程指标指按规定应列入能独立发挥生产能力或使用效益的单项工程内的全部投资额,包括建筑工程费、安装工程费、设备、工器具及生产家具购置费和其他费用。单项工程一般划分原则如下:

(1)主要生产设施。指直接参加生产产品的工程项目,包括生产车间或生产装置。

(2)辅助生产设施。指为主要生产车间服务的工程项目。包括集中控制室、中央实验室、机修、电修、仪器仪表修理及木工(模)等车间,原材料、半成品、成品及危险品等仓库。

(3)公用工程。包括给排水系统(给排水泵房、水塔、水池及全厂给排水管网)、供热系统(锅炉房及水处理设施、全厂热力管网)、供电及通信系统(变配电所、开关所及全厂输电、电信线路)以及热电站、热力站、煤气站、空压站、冷冻站、冷却塔和全厂管网等。

(4)环境保护工程。包括废气、废渣、废水等处理和综合利用设施及全厂性绿化。

(5)总图运输工程。包括厂区防洪、围墙大门、传达及收发室、汽车库、消防车库、厂区道路、桥涵、厂区码头及厂区、大型土石方工程。

(6)厂区服务设施。包括厂部办公室、厂区食堂、医务室、浴室、哺乳室、自行车棚等。

(7)生活福利设施。包括职工医院、住宅、生活区食堂、俱乐部、托儿所、幼儿园、子弟学校、商业服务点以及与之配套的设施。

(8)厂外工程。如水源工程,厂外输电、输水、排水、通信、输油等管线以及公路、铁路专用线等。

单项工程指标一般以单项工程生产能力单位投资,如"元/其他单位表示。如:变配电站的"元/(千瓦)",锅炉房的"元/蒸汽吨",供水站的"元/米²",办公室、仓库、宿舍、住宅等房屋则依据不同结构形式以"元/米²"表示。

3.单位工程指标

单位工程指标按规定应列入能独立设计、施工的工程项目的费用,即建筑安装工程费用。

单位工程指标一般以如下方式表示:如房屋区别不同结构形式以"元/米²"表示;道路区别不同结构层、面层以"元/米²"表示;水塔区别不同结构层、容积以"元/座"表示;管道区别不同材质、管径以"元/米"表示。

三、投资估算指标的编制

投资估算指标的编制工作,涉及建设项目的产品规模、产品方案、工艺流程、设备选型、工程设计和技术经济等各个方面,既要考虑到现阶段技术状况,又要展望近期技术发展趋势和设计动向,从而可以指导以后建设项目的实践。投资估算指标的编制应当成立专业齐全的编制小组,编制人员应具备较高的专业素质,并应制定一个包括编制原则、编制内容、指标的层次相互衔接、项目划分、表现形式、计量单位、计算、复核、审查程序等内容的编制方案或编制细则,以便编制工作有章可循。

(一)投资估算指标的编制原则

由于投资估算指标属于项目建设前期进行估算投资的技术经济指标,它不但要反映实施阶段的静态投资,还必须反映项目建设前期和交付使用期内发生的动态投资,以投资估算指标为依据编制的投资估算,包含项目建设的全部投资额。这就要求投资估算指标比其他各种计价定额具有更大的综合性和概括性。因此,投资估算指标的编制工作除应遵循一般定额的编制原则外,还必须坚持下述原则:

(1)投资估算指标项目的确定,应考虑以后几年编制建设项目建议书和可行性研究投资估算的需要。

(2)投资估算指标的分类、项目划分、项目内容、表现形式等要结合各专业的特点,并且要与项目建议书、可行性研究报告的编制深度相适应。

(3)投资估算指标的编制内容，典型工程的选择，必须遵循国家的有关建设方针政策，符合国家技术发展方向，贯彻国家高科技政策和发展方向原则，使指标的编制既能反映现实的高科技成果，反映正常建设条件下的造价水平，也能适应今后若干年的科技发展水平。坚持技术上先进、可行和经济上的合理，力争以较少的投入求得最大的投资效益。

(4)投资估算指标的编制要反映不同行业、不同项目和不同工程的特点，投资估算指标要适应项目前期工作深度的需要，而且具有更大的综合性。投资估算指标要密切结合行业特点，项目建设的特定条件，在内容上既要贯彻指导性、准确性和可调性的原则，又要有一定的深度和广度。

(5)投资估算指标的编制要体现国家对固定资产投资实施间接调控作用的特点。要贯彻能分能合、有粗有细、细算粗编的原则。使投资估算指标能满足项目建议书和可行性研究各阶段的要求，既能有反映一个建设项目的全部投资及其构成，又要有组成建设项目投资的各个单项工程投资。做到既能综合使用，又能个别分解使用。占投资比例大的建筑工程工艺设备，要做到有量、有价，根据不同结构形式的建筑物列出每 100 m^2 的主要工程量和主要材料量，主要设备也要列有规格、型号、数量。同时，要以编制年度为基期计价，有必要的调整、换算办法等。便于由于设计方案、选厂条件、建设实施阶段的变化而对投资产生影响做相应的调整，也便于对现有企业实行技术改造和改、扩建项目投资估算的需要，扩大投资估算指标的覆盖面，使投资估算能够根据建设项目的具体情况合理准确地编制。

(6)投资估算指标的编制要贯彻静态和动态相结合的原则。要充分考虑到在市场经济条件下，由于建设条件、实施时间、建设期限等因素的不同，考虑到建设期的动态因素，即价格、建设期利息、固定资产投资方向调节税及涉外工程的汇率等因素的变动，导致指标的量差、价差、利息差、费用差等"动态"因素对投资估算的影响，对上述动态因素给予必要的调整办法和调整参数，尽可能减少这些动态因素对投资估算准确度的影响，使指标具有较强的实用性和可操作性。

(二)投资估算的编制依据

(1)设计文件。批准的项目建议书、可行性研究报告及其批文、设计方案(包括文字说明和图纸)。

(2)工程建设各类投资估算指标、概算指标、类似工程实际投资资料。

(3)设备现行出厂价格(含非标准设备)及运杂费率。

(4)工程所在地主要材料价格实际资料、工业和民用建筑造价指标、土地征用价格和建设外部条件。

(5)引进技术设备情况简介及询价、报价资料。

(6)现行的建筑安装工程费用定额及其他费用定额指标。

(7)资金来源及建设工期。

(8)其他有关文件、合同、协议书等。

(9)工程所在地地形、地貌、地质条件、水电气源、基础设施条件等现场情况，以及其他有助于编制投资估算的参考资料。

(三)投资估算指标的编制步骤

投资估算指标的编制一般分为三个阶段进行。

1. 收集整理资料阶段

收集整理已建成或正在建设的，符合现行技术政策和技术发展方向、有可能重复采用的、有代表性的工程设计施工图、标准设计以及相应的竣工决算或施工图预算资料等，这些资料是编制工作的基础，资料收集得越广泛，反映出的问题越多，编制工作考虑得越全面，就越有利于提高投资估算指标的实用性和覆盖面。同时，对调查收集到的资料要选择占投资比例大、相互关联多的项目进行认真的分析整理，由于已建成或正在建设的工程的设计意图、建设时间和地点、资料的基础等不同，相互之间的差异很大，需要去粗取精、去伪存真地加以整理，才能重复利用。将整理后的数据资料按项目划分栏目加以归类，按照编制年度的现行定额、费用标准和价格，调整成编制年度的造价水平及相互比例。

2. 平衡调整阶段

由于调查收集的资料来源不同，虽然经过一定的分析整理，但难免会由于设计方案、建设条件和建设时间上的差异带来某些影响，使数据失准或漏项等，必须对有关资料进行综合平衡调整。

3. 测算审查阶段

测算是将新编的指标和选定工程的概预算，在同一价格条件下进行比较，检验其"量差"的偏离程度是否在允许偏差的范围之内，如偏差过大，则要查找原因，进行修正，以保证指标的确切、实用。测算同时也是对指标编制质量进行的一次系统检查，应由专人进行，以保持测算口径的统一，在此基础上组织有关专业人员予以全面审查定稿。

由于投资估算指标的计算工作量非常大，在现阶段计算机已经广泛普及的条件下，应尽可能应用电子计算机进行投资估算指标的编制工作。

四、投资估算的计算方法

(一)静态投资估算

静态投资估算是指不考虑物价上涨，技术、工艺的提高，建设周期长短，政策改动等因素，只根据建设初期的物价水平进行估算的方法，一般以开工前一年的价格为依据计算。

静态投资是建设项目投资估算的基础，所以必须尽量全面、准确地进行分析计算，既要避免少算漏项，又要防止高估冒算，力求切合实际。由于民用建筑与工业生产项目按静态投资估算的出发点及具体办法不同，一般情况，工业项目的投资估算大多以设备费基础进行，而民用项目则以建筑工程投资估算为基础。根据静态投资费用项目内容的不同，投资估算采用的方法和深度也不尽相同，以下将分别予以介绍。

1. 设备费用的估算方法

在项目规划和可行性研究中，对工程情况不完全了解，不可能将所有设备开出清单，但根据工业生产建设的经验，辅助生产设备、服务设施的装备水平与主体设备购置费用之间存在着一定的比例关系。类似地，设备安装费与设备购置费之间也存在一定的比例关系。因此，在对主体设备或类似工程情况已有所知的情况下，有经验的工程往往采用估算的方法来估算投资，且实用性很好。下面介绍几种常用的估算方法。

(1)比例估算法

比例估算法分为两种，一种是以拟建项目或装配的设备费为基数，按照已建成的同类项目或装配的建筑安装费和其他工程费用等占设备价值的百分比，求出相应的建筑安装费及其他工程费用等，再加上拟建项目的其他有关费用，其总和即为项目或装配的投资额。其计算公式为：

$$C = E(1 + f_1p_1 + f_2p_2 + f_3p_3 + \cdots) + I$$

式中：C——拟建项目投资额；

$\quad E$——根据拟建项目设备清单按当时当地价格计算出的设备费的总和；

$\quad p_1,\ p_2,\ p_3$——已建项目中，安装及其他工程费用等占设备费的百分比；

$\quad f_1,\ f_2,\ f_3$——定额、价格、费用标准等变化的综合调整系数；

$\quad I$——拟建项目的其他费用。

第二种是以拟建项目中的最主要、投资比重较大并与出产能力直接相关的工艺设备的投资数为基数，按照同类型的已建成项目的有关统计资料，计算出拟建项目的各专业工程占工艺设备投资的百分比，据以求出各专业的投资，相加求和，再加上工程其他有关费用，即为项目的总费用。其计算公式为：

$$C = E(1 + f_1p'_1 + f_2p'_2 + f_3p'_3 + \cdots) + I$$

式中：$p'_1,\ p'_2,\ p'_3$——已建项目中各专业工程费用等占设备费的百分比；

$\quad$其余符号含义同前。

（2）朗格系数法

朗格系数法，是以设备费用为基本，乘以恰当系数来推算项目的培植费用。计算公式为：

$$C = E \cdot (1 + \sum K_i) \cdot K_c$$

式中：C——总建设费用；

$\quad E$——主要设备费用；

$\quad K_i$——管线、仪表、建筑物等项费用的估算系数；

$\quad K_c$——包括管理费、合同费及间接费在内的总估算系数。

总建设费用与设备费用之比为朗格系数 K_L，即：

$$K_L = (1 + \sum K_i) \cdot K_c$$

这种方法简单，但没有考虑设备规格、材质的差异，所以精确度不高。

（3）生产能力指数法

生产能力指数法又称指数估算法，它是根据已建成的类似项目生产能力和投资额来粗略估算拟建项目投资额的方法。其计算公式如下：

$$C_2 = C_1(Q_2/Q_1)^m \cdot f$$

式中：C_1——已建类似项目投资额；

$\quad C_2$——拟建项目投资额；

$\quad Q_1$——已建类似项目生产能力；

$\quad Q_2$——拟建项目生产能力；

$\quad m$——不同时期、不同地点的定额、单价、费用变更等的综合调整系数；

$\quad f$——生产能力指数。

若已建类似项目的生产规模与拟建项目生产规模相差不大，Q_1 与 Q_2 的比值在 $0.5 \sim 2$ 之间，则指数 m 的取值近似为 1。

若已建类似项目的生产规模与拟建项目生产规模相差不大于 50 倍，且拟建项目生产规模的扩大仅靠增大设备规模来达到时，则 m 的取值在 0.6~0.7 之间；若是靠增加相同规格设备的数量达到时，m 的取值在 0.8~0.9 之间。

指数法主要应用于拟建装置或项目与用来参考的已知装置或项目的规模不同的场合。生产能力指数法与单位生产能力估算法相比精确度略高，其误差可控制在 ±20% 以内，尽管估价误差仍较大，但有它独特的好处：这种估价方法不需要详细的工程设计资料，只知道工艺流程及规模就可以；其次，对于总承包工程而言，可作为估价的旁证，在总承包工程报价时，承包商大都采用这种方法估价。

2. **房屋建筑物造价的估算方法**

(1) 投资估算指标法

这种方法是按照各类具体的估值投资估算指标对拟建工程所进行的投资估算。投资估算指标是各地主管部门编制和公布的，一般以元/m、元/m^2、元/m^3、元/t、元/kW 等形式表示。按照这些投资估算指标，乘以相应的长度(m)、面积(m^2)、体积(m^3)、质量(t)、容量(kW)等，就可以求出拟建项目相应的土建工程、给排水工程、电气照明工程、采暖通风工程、变配电工程等单位工程的投资估算额。

采用这种估算投资时，要注重以下两方面的问题：一方面要注重所使用的估算指标，若与拟建工程的尺度或前提有差异时，应加以必要的换算或调整；另一方面要注重所使用的估算指标及单位，应合适拟建工程的特点，切勿盲目乱用估算指标。此外，投资估算应在某一特定的时刻内进行，一般是在开工前。

(2) 其他方法

1) 设备与厂房系数法。这种方法是根据设备的投资额来确定厂房的投资额。对于一个生产性项目，如设计方案中已确定了生产工艺，并选定了生产设备，则可利用设备与厂房间的比例关系估算厂房的投资额。

2) 主要车间系数法。这种方法是根据已计算出的主要车间的投资额来确定辅助设施的投资额。对于生产性项目，在设计中若采用适当的方法估算出主要生产车间的投资额后，就可以利用已建相似工程项目的投资比例计算出辅助设施等占主要生产车间投资的系数并估算出总投资额。

(二)动态投资估算

建设投资动态部分主要包括价格变动可能增加的投资额、建设期利息两部分内容，如果是涉外项目，还应该计算汇率的影响。动态部分的估算应以基准年静态投资的资金使用计划为基础来计算，而不是以编制的年静态投资为基础计算。

1. **涨价预备费的估算**

涨价预备费(PF)的估算可按国家或部门(行业)的具体规定执行，一般按下式计算：

$$PF = \sum_{i=1}^{n} kI_t \left[(1+f)t - 1 \right] \qquad (t = 1 - n)$$

式中：I_t——第 t 年投资计划额；

　　f——年均投资价格上涨率；

　　N——建设期年份数。

2. 汇率变化对涉外建设项目动态投资的影响及计算方法

(1)外币对人民币升值。项目从国外市场购买设备材料所支付的外币金额不变，但换算成人民币的金额增加；从国外借款，本息所支付的外币金额不变，但换算成人民币的金额增加。

(2)外币对人民币贬值。项目从国外市场购买设备材料所支付的外币金额不变，但换算成人民币的金额减少；从国外借款，本息所支付的外币金额不变，但换算成人民币的金额减少。

估计汇率变化对建设项目投资的影响，是通过预测汇率在项目建设期内的变动程度，以估算年份的投资额为基数，计算求得。

3. 建设期贷款利息的估算

建设期内贷款利息是指项目贷款在建设期内发生并计入固定资产投资的利息。对于有多种借款资金来源，每笔借款的年利率各不相同的项目，既可分别计算每笔借款的利息，也可先计算出各笔借款加权平均的年利率，并以此利率计算全部借款的利息。

(1)对于贷款总额一次性贷出且利率固定的款项，可按下式计算：

$$F = P(1+i)^n$$
$$贷款利息 = F - P$$

式中：F——建设期还款时的本息和；

　　　P——一次性贷款金额；

　　　i——年利率；

　　　n——贷款期限。

(2)当总贷款分年均衡发放时，建设期利息的计算可按当年借款在年中支用考虑。当年借款按半年计息，即上年度借款按全年计息，计算公式为：

$$Q = (P_{J-1} + A_J/2)i$$

式中：Q——建设期 J 年应计利息；

　　　P_{J-1}——建设期第 $(J-1)$ 年末贷款累计金额与利息累计金额之和；

　　　A_J——建设期第 J 年贷款金额；

　　　i——年利率。

单项工程人工及主要材料消耗指标见表 6-7。

表 6-7　单项工程人工及主要材料消耗指标(××市 2013 年)

名称	单位	数量	每百平方米含量
综合工日	工日	16774.25	68.34
级配碎石	m³	13074.007	53.73
麻石	m	4762.979	19.57
水泥	kg	844278.500	3469.81
砂	m³	878.688	3.61
沥青混凝土	m³	2542.429	10.46

××市建筑造价指数见表 6-8。

表6-8　××市建筑造价指数

序号	工程名称	规格	结构类型	2013年7—8月
1	宿舍	21层，有地下室	钢筋混凝土框架	135.42%
2	办公楼	6层	钢筋混凝土框剪架	149.50%
3	教学楼	6层	钢筋混凝土框架	147.78%
4	车间	6层，跨度8 m	钢筋混凝土框架	152.41%

每百平方米或万元民用建筑工程平均综合材料耗用量见表6-9。

表6-9　每百平方米或万元民用建筑工程平均综合材料耗用量

序号	结构类型	计量单位	钢筋(t)	水泥(t)	木材(m³)	砖(千块)	瓦(千张)	砂(m³)	石子(m³)	毛石(m³)	石灰(t)	电线(t)	镀锌管(t)	焊接管(t)	铸铁管(t)
1	混合	100 m² 万元	1.4 2	11.3 16.1	5.19 7.41	27 38.6		33.4 47.7	23.4 33.4	9.5 13.6	5.06 7.23	0.013 1.019	0.033 0.047	0.152 0.217	0.165 0.236
2	砖木	100 m² 万元	0.155 0.238	4 6.15	7.88 12.1	28.8 44.3	2.13 3.28	25.9 39.8	8.8 13.5	10.8 16.6	4.7 7.23	0.005 0.008	0.03 0.046	0.114 0.175	0.12 0.185

第四节　工程造价指数

一、工程造价指数概述

(一)工程造价指数的定义

工程造价指数是反映建设工程投入要素在某一时期因价格变化而对工程造价带来影响程度的指标，反映了报告期价格水平相对于基期价格水平的变动程度和趋势，它亦是调整工程造价价差并对建设工程造价实施动态管理的重要依据。

(二)工程造价指数的作用

工程造价指数反映了报告期与基期相比的价格变动趋势，利用它来研究实际工作中的下列问题很有意义。

1.可以利用工程造价指数分析价格变动趋势及其原因。

2.可以利用工程造价指数估计工程造价变化对宏观经济的影响。

3.工程造价指数是工程承发包双方进行工程估价和结算的重要依据。

(三)工程造价指数的分类

1.按照工程范围、类别、用途分类

(1)单项价格指数：是分别反映各类工程的人工、材料、施工机械及主要设备报告期对基期价格的变化程度的指标，如人工费价格指数、主要材料价格指数、施工机械台班价格指数。

（2）综合造价指数：是综合反映各类项目或单项工程人工费、材料费、施工机械使用费和设备费等报告期价格对基期价格变化而影响工程造价程度的指标，它是研究造价总水平变化趋势和程度的主要依据，如建筑安装工程造价指数、建设项目或单项工程造价指数、建筑安装工程直接费造价指数、其他直接费及间接费造价指数、工程建设其他费用造价指数等。

2. 按造价资料期限长短分类

（1）时点造价指数：是不同时点（例如2013年9月9日0时对上一年同一时点）价格对比计算的相对数。

（2）月指数：是不同月份价格对比计算的相对数。

（3）季指数：是不同季度价格对比计算的相对数。

（4）年指数：是不同年度价格对比计算的相对数。

3. 按不同基数分类

（1）定基指数：是各时期价格与某固定时期的价格对比后编制的指数。

（2）环比指数：是各时期价格都以其前一期价格为基础计算的造价指数。例如，与上月对比计算的指数，为月环比指数。

二、工程造价指数的管理

工程造价指数对建设项目的全过程造价控制一般分为事前、事中、事后三个阶段的控制，在具体的实施中，我们又可把三个阶段转化为项目决策与设计阶段、承发包与施工阶段、竣工与后评价阶段。

（一）项目决策与设计阶段

设计阶段是全过程造价控制的重点。一个项目的设计优劣对于工程造价的影响高达75%以上。因此，在项目决策阶段进行可行性研究，对拟建项目的各方案做出相应的投资估算，并进行项目经济评价十分重要。而在设计阶段用技术经济方法评选设计方案，编制概算，并从经济技术角度帮助设计人员进行设计优化十分必要。在现行条件下，工程造价咨询单位可以利用自身的技术及专业，在充分了解业主对建设项目的要求后，为设计单位编制概算并向业主提出有关工程投资的设计修正方案（如合理选材、投资参数控制等），最终达到优化设计、控制投资的目的。

（二）承发包及施工阶段

施工阶段即是把设计变成具有使用价值的建筑实体的过程，也是实现工程造价有效控制、为合理确定工程造价提供原始依据的过程。在此阶段，需要完成的工作有：编制招标文件、制定合同条款、编制审定标底，协助业主选择承包商；在施工阶段审查变更，进行付款签证，审核评估相关索赔等。在竣工阶段，应当进行估算审核并编制工程决算书，并做好相应的后评价工作。在施工阶段要做到"严"、"细"、"准"。

"严"，是严把签证关，建设工程的施工周期长，签证是对施工过程的记录，也是最终工程价款结算索赔的依据。参与工程造价监管的造价咨询单位应严格把关，及时签证，防止施工单位巧立名目、以少报多，遇到问题不及时解决、结算时候搞突击。

"细"，是要求造价咨询单位的专业人员细致认真，对于可以描述清楚的尺寸、部位、数量要认真记录，必要时可以依靠摄影、照相等手段帮助，防止结算时的漏项、错算。

"准"，是造价专业人员准确地审查验工月报、签证数量、索赔价款，尽可能在最终结算时少留活口。

(三) 竣工与后评价阶段

竣工结算、决算是工程造价合理确定的重要依据，无论是施工单位还是业主都十分重视工程价款的审计结算。后评价是对整个建设项目的一次综合性评价，也是对该项目工程造价控制的总结。

三、工程造价指数的编制

工程造价指数一般应按各主要构成要素(建筑安装工程造价、设备工器具购置费、工程建设其他费用等)分别编制价格指数，然后经汇总得到工程造价指数。

(一) 建筑安装工程造价指数

建筑安装工程造价指数是一种综合性很强的价格指数，其计算公式如下：

建筑安装工程造价指数 = 人工费指数 × 基期人工费占建筑安装工程造价比例 + $\sum$ (单项材料价格指数 × 基期该单项材料费占建筑安装工程造价比例) + $\sum$ (单项施工机械台班指数 × 基期该单项机械费占建筑安装工程造价比例) + 其他直接费、间接费综合指数 × 基期其他直接费、间接费占建筑安装工程造价比例

其中，各项人工费、材料费、机械费指数的计算均按报告期人工、材料、机械的预算价格与基期人工、材料、机械的预算价格之比进行。

(二) 设备、工器具价格指数

一般可按下列公式计算：

$$设备、工器具价格指数 = \frac{\sum 报告期设备、工器具单价 × 报告期购置数量}{基期设备、工器具单价 × 基期购置数量}$$

(三) 工程建设其他费用指数

可以按照每万元投资额中的其他费用支出定额计算，计算公式为：

$$工程建设其他费用指数 = \frac{报告期每万元投资支出中其他费用}{基期每万元投资支出中其他费用}$$

(四) 工料机价格指数

人工、材料和机械台班等要素的价格指数，是编制建筑安装工程造价指数的基础，其计算公式如下：

$$工料机价格指数 = P_n/P_o$$

式中：P_n——报告期人工费、材料预算价格、施工机械台班费；

P_o——基期人工费、材料预算价格、施工机械台班费。

(五) 最后经综合得到单项工程造价指数

其计算公式为：

单项工程造价指数 = 建筑安装工程造价指数 × 基期建筑安装工程费占总造价的比例 + $\sum$ (单项设备价格指数 × 基期该项设备费占总造价的比例) + $\sum$ (单项施工机械台班指数 × 基期

该单项机械费占建筑安装工程造价比例）＋工程建设其他费用指数×基期工程建设其他费用占总造价的比例

四、工程造价指数的应用

工程造价指数反映了报告期与基期相比的价格变动趋势，是研究造价总水平变化趋势和程度的主要依据。可以在以下几方面得到充分地应用：

(一)分析价格变动趋势及原因

由于工程造价指数是通过计算各分项指数加权而成的，而各分项指数的变化势必影响到总的工程造价指数，为此，可以逐项分析各分项指数的变化对工程造价的影响。

(二)利用工程造价指数估计工程造价变化对宏观经济的影响

工程造价指数大于100%，说明报告期内建筑安装工程产值较基期有虚假减少成分，而利用工程造价指数可以剔除这些虚假的增加或减少成分，以便提供正确的数据，准确地把握建筑业生产和宏观的形势。

(三)工程造价指数是工程承发包方进行工程估计和结算的重要依据

由于建筑市场供求关系的变化及物价水平的不断上涨，单靠原有定额编制概预算、标底及投标报价已不能适应形势发展的需要，而合理编制的工程造价指数正是对传统定额的重要补充。依靠工程造价指数可对工程概预算做适当的调整，使之与现实造价水平相适应，从而克服了定额静态与僵化的弱点。

【例题】 某建筑工程项目的投资额及分项价格指数资料如表6-10表示，求该项目的工程造价指数。

表6-10 某建设项目的投资额和价格指数

费用项目	投资额（万元）	分类指数
投资额合计	5600	
建筑安装工程投资	2400	107.4%
设备工器具投资	2360	105.6%
工程项目其他投资	840	105.0%

【解】 经分析可知：

建筑工程造价指数 $= \dfrac{2400}{5600} \times 107.4\% + \dfrac{2360}{5600} \times 105.6\% + \dfrac{840}{5600} \times 105.0\% = 106.28\%$

所以，报告期内投资价格比基期上涨了6.28%。

[思考练习题]

一、单选题

1.（   ）是指生产按一定计量单位规定的扩大分部分项工程或扩大结构部分的人工、材料和机械台班的消耗量标准和综合价格。

A. 概算指标　　　　B. 概算定额　　　　C. 预算定额　　　　D. 施工定额

2.（   ）是按一定的计量单位规定的比概算定额更加综合扩大的单位工程或单项工程等的人工、材料和机械台班的消耗量标准和造价指标。

A. 劳动定额　　　　B. 概算定额　　　　C. 估算指标　　　　D. 概算指标

3.（   ）反映了工程造价报告期与基期相比的价格变动程度、趋势及原因

A. 物价指数　　　　B. 工程造价指数　　　　C. 定基指数　　　　D. 环比指数

4. 按各主要构成要素(建筑安装工程造价、设备工器具购置费和工程建设其他费用)分别编制价格指数，经汇总得到综合的（   ）。

A. 工程造价单价　　　　B. 工程造价指数　　　　C. 时点价格指数

5.（   ）是以独立的建设项目、单项工程或单位工程为对象，综合项目全过程投资和建设中各类成本和费用，反映出扩大的技术经济指标。

A. 设计概算书　　　　B. 投资估算指标　　　　C. 工期定额

二、多选题

1. 概算定额的作用是（   ）的依据。

A. 编制设计概算　　　　　　　　B. 项目设计方案选优

C. 编制主要材料消耗量　　　　　D. 编制概算指标

E. 招投标工程编制标底、投标报价　　F. 编制施工预算

2. 概算定额的编制依据是（   ）。

A. 现行的建筑工程预算定额、施工定额

B. 现行的人工工资标准、材料单价、机械台班使用单价

C. 现行的设计标准、规范、施工标准、验收规范

D. 典型的有代表性的标准设计图纸、标准图集、通用图集及其他设计资料

E. 原有的概算定额

3. 概算定额的编制原则是（   ）。

A. 社会平均水平　　　B. 简明适用　　　C. 与设计深度相适应

4. 概算定额与预算定额的不同点是（   ）。

A. 编制精度不同　　　　　　　　B. 使用阶段不同

C. 定额幅度差不同　　　　　　　D. 工程项目数量不同

5 概算指标的作用是（   ）。

A. 编制投资估算

B. 设计单位方案比较、建设单位选址

C.估算单位工程或单项工程主要材料用量

D.建设单位编建设投资计划、国家主管部门编制固定资产投资计划、确定投资额

6.动态投资估算考虑的主要因素是(　　　　)。

A.涨价预备费　　　B.费变化率　　　C.建设期贷款利息

7.静态投资估算计算方法主要有(　　　　)。

A.设备费用百分比估算法　　　　B.朗格系数法

C.生产能力指数法　　　　　　　D.投资估算指标法

E.设备与厂房系数法　　　　　　F.主要车间系数法

7.概算指标的内容有(　　　　)。

A.建设项目综合指标　　　　　　B.单项工程指标

C.单位工程指标

[技能训练题]

1.某市一住宅楼为混合结构。建筑面积3500 m²。建筑工程直接费为680元/m²,其中块石基础为45.元/m²。现拟建一栋住宅楼,建筑面积20000 m²,基础采用钢筋混凝土带形基础为65元/m²,其他结构相同。求该拟建住宅楼工程直接费是多少。

2.某砖混结构的建筑物体积是1000 m³,毛石带形基础的工程量为85 m³,若每10 m³,毛石基础需用砌石工7.15工日,又假定该项单位工程中其他分部工程不需要砌石工,试求完成该建筑物需用的砌石工数量。

3.已知建设日产200 t水泥装置的投资额为2000万元,试估算建设日产500 t水泥装置的投资额(生产能力指数$m=0.52$,综合调整系数$f=1$)。

4.某工程项目建筑安装工程投资额为1500万元,价格指数为135.42%,设备及工器具投资2000万元价格指数为158.%,工程建设其他费用投资500万元,价格指数为115%。试求此基础上的工程造价指数。

5.已知年产140万t的某产品生产系统的投资额为100万元。试用生产能力估算法估算年产300万t该产品的生产系统的投资额($m=0.5$,$f=1$)。

6.设某工程向建设银行贷款200万元,年利率为5.88%,贷款期为2年,到第二年末一次还清。试计算应付本息合计多少元。

第七章 建设工程费用构成

【知识目标】

(1)掌握建设工程费用的构成；

(2)掌握建筑安装工程费用的构成。

【技能目标】

(1)具有建设工程费用确定能力；

(2)具有建筑安装工程费用确定能力。

【素质目标】

(1)具有良好的职业道德和诚信品质；

(2)具有较强的敬业精神和责任意识；

(3)具有较好的团队协作能力；

(4)具有较好的吃苦耐劳、实干创新精神。

第一节 建设工程费用构成概述

一、我国现行建设工程费用构成

建设项目总投资是为完成工程项目建设并达到使用要求或生产条件，在建设期内预计或实际投入的全部费用总和。生产性建设项目总投资包括建设投资、建设期利息和流动资金三部分，非生产性建设项目总投资包括建设投资和建设期利息两部分。其中建设投资和建设期利息之和对应于固定资产投资，固定资产投资于建设项目的工程造价在量上相等。工程造价基本构成包括用于购买工程项目所含各种设备的费用，用于建筑施工和安装施工所需支出的费用，用于委托工程勘察设计应支付的费用，用于购置土地所需的费用，也包括用于建设单位自身进行项目筹建和项目管理所花费的费用等。总之，工程造价是按照确定的建设内容、建设规模、建设标准、功能要求和使用要求等将工程项目全部建成，在建设期预计或实际支出的建设费用。

工程造价中的主要构成部分是建设投资，建设投资是为完成工程项目建设，在建设期内投入且形成现金流出的全部费用。建设投资包括工程费用、工程建设其他费用和预备费三部分。工程费用是指建设期内直接用于工程建造、设备购置及其安装的建设投资，可以分为建筑安装工程费和设备及工器具购置费。工程建设其他费用是指建设期发生的与土地使用权取得、整个工程项目建设以及未来生产经营有关的构成建设投资但不包括在工程费用中的费用。预备费是在建设期内为各种不可预见因素的变化而预留的可能增加的费用，包括基本预备费和涨价预备费。基本费用组成如图 7-1 所示。

图 7-1　建设工程费用构成

二、世界银行建设工程投资构成

国外各个国家的建设工程造价构成虽然有所不同，但其代表性的是世界银行、国际咨询工程师联合会对建设工程造价构成的规定。这些国际组织对构成项目的总建设成本做了统一规定，工程项目总建设成本包括直接建设成本、间接建设成本、应急费和建设成本上升费等。各部分详细内容如下：

1. 项目直接建设成本

项目直接建设成本包括以下内容：

(1)土地征购费。

(2)场外设施费用。如道路、码头、桥梁、机场、输电线路等设施费用。

(3)场地费用。指用于场地准备、厂区道路、铁路、围栏、场内设施等的建设费用。

(4)工艺设备费。指主要设备、辅助设备及零配件的购置费用，包括海运包装费用、交货港离岸价，但不包括税金。

(5)设备安装费。指设备供应商的监理费用，本国劳务及工资费用，辅助材料、施工设备，消耗品和工具等费用，以及安装承包商的管理费和利润等。

(6)管道系统费用。指与系统的材料及劳务相关的全部费用。

(7)电气设备费。其内容与第 4 项类似。

(8)电气安装费。指设备供应商的监理费用，本国劳务与工资费用，辅助材料、电缆管道和工具费用，以及营造承包商的管理费和利润。

(9)仪器仪表费。指所有自动仪表、控制板、配线和辅助材料的费用以及供应商的监理费用、外国和本国劳务及工资费用、承包商的管理费和利润。

(10)机械的绝缘和油漆费。指与机械及管道的绝缘和油漆相关的全部费用。

(11)工艺建筑费。指原材料、劳务费以及与基础。建筑结构、屋顶、北外装修、公共设施有关的全部费用。

(12)服务性建筑费用。其内容与第 11 项相似。

(13)工厂普通公共设施费。包括材料和劳务费以及与供水、燃料供应、通风、蒸汽发生及分配、下水道、污物处理等公共设施有关的费用。

(14)车辆费。指工艺操作必需的机动设备零件费用，包括海运包装费用以及交货港的离岸价，但不包括税金。

(15)其他当地费用。指那些不能归类于以上任何一个项目，不能计入项目间接成本，但在建设期间又是必不可少的当地费用。如临时设备、临时公共设施及场地的维持费，营地设施及其管理，建筑保险和债券，杂项开支等费用。

2.项目间接建设成本

项目间接建设成本包括以下内容：

(1)项目管理费。

1)总部人员的薪金和福利费，以及用于初步和详细工程设计、采购、实践和成本控制、行政和其他一般管理的费用。

2)施工管理现场人员的薪金、福利费和用于施工现场监督、质量保证、现场采购、时间及成本控制、行政及其他施工管理机构的费用。

3)零星杂项费用，如返工、旅行、生活津贴、业务支出等。

4)各种酬金。

(2)开工试车费。指工厂投料试车必需的劳务和材料费用。

(3)业主的行政性费用。指业主的项目管理人员费用及支出。

(4)生产前费用。指前期研究、勘测、建矿、采矿等费用。

(5)运费和保险费。指海运、国内运输、许可证及佣金、海洋保险、综合保险等费用。

(6)地方税。指地方关税、地方税及对特殊项目征收的税金。

3.应急费

应急费包括以下内容：

(1)未明确项目的准备金。此项准备金用于在估算时不可能明确的潜在项目，包括那些在做成本估算时因为缺乏完整、准确和详细的资料而不能完全预见和不能注明的项目，并且这些项目是必须完成的，或它们的费用是必定要发生的。因此，它是估算不可缺少的一个组成部分。

(2)不可预见准备金。此项准备金(在未明确项目准备金之外)用于在估算达到了一定的完整性并符合技术标准的基础上，由于物质、社会和经济的变化，导致估算增加的情况。此种情况可能发生，也可能不发生。因此，不可预见准备金只是一种储备，可能不动用。

4.建设成本上升费用

通常，估算中使用的构成工资率、材料和设备价格基础的截止日期就是"估算日期"。必须对该日期或已知成本基础进行调整，以补偿直至工程结束时的未知价格增长。

工程的各个主要组成部分(国内劳务和相关成本、本国材料、外国材料、本国设备、外国设备、项目管理机构)的细目划分决定以后，便可确定每一个主要组成部分的增长率。这个增长率是一项判断因素。它以已发表的国内和国际成本指数、公司记录等为依据，并与实际供应商进行核对，然后根据确定的增长率和从工程进度表中获得的各主要组成部分的中点值，计算出每项主要组成部分的成本上升值。

第二节　设备及工、器具购置费的构成

设备及工、器具购置费用是由设备购置费和工、器具及生产家具购置费组成的，它是固定资产投资中的积极部分。在生产性工程建设中，设备及工器具购置费用占工程费用比重增大，意味着生产技术的进步和资本有机构成的提高。

一、设备购置费

设备购置费是指达到固定资产标准，为建设工程项目购置或自制的各种国产或进口设备的费用。它由设备原价和设备运杂费构成。

$$设备购置费 = 设备原价 + 设备运杂费$$

式中：设备原价指国产设备或进口设备的原价；设备运杂费指除设备原价之外的关于设备采购、运输、途中包装及仓库保管等方面支出费用的总和。

(一)国产设备原价的构成及计算

国产设备原价一般指的是设备制造厂的交货价或订货合同价。它一般根据生产厂或供应商的询价、报价、合同价确定，或采用一定的方法计算确定。国产设备原价分为国产标准设备原价和国产非标准设备原价。

1. 国产标准设备原价

国产标准设备原价是指按照主管部门颁布的标准图纸和技术要求，由设备生产厂批量生产的，符合国家质量检验标准的设备。国产标准设备原价一般指的是设备制造厂的交货价，即出厂价。如设备由设备公司成套供应，则以订货合同价为设备原价。有的设备有两种出厂价，即带有备件的出厂价和不带备件的出厂价。在计算设备原价时，一般按带有备件的出厂价计算。

2. 国产非标准设备原价

国产非标准设备是指国家尚无定型标准，各设备生产厂不可能在工艺过程中采用批量生产，只能按一次订货，并根据具体的设计图纸制造的设备。非标准设备原价有多种不同的计算方法，如成本计算估价法、系列设备插入估价法、分部组合估价法、定额估价法等。但无论采用哪种方法都应该使非标准设备计价接近实际出厂价，并且计算方法要简便。按成本计算估价法，非标准设备的原价由以下各项组成：

(1)材料费

$$材料费 = 材料净重 \times (1 + 加工损耗系数) \times 每吨材料综合价$$

(2)加工费。包括生产工人工资和工资附加费、燃料动力费、设备折旧费、车间经费等费用。其计算公式如下：

$$加工费 = 设备总质量(吨) \times 设备每吨加工费$$

(3)辅助材料费(简称辅材费)。包括焊条、焊丝、氧气、氩气、油漆、电石等费用。其计算公式如下：

$$辅助材料费 = 设备总质量 \times 辅助材料指标$$

(4)专用工具费

按(1)~(3)项之和乘以一定的百分比计算。

(5)废品损失费

按(1)~(4)项之和乘以一定的百分比计算。

(6)外购配套件费

按设备设计图纸所列的外购配套件的名称、型号、规格、数量、质量，根据相应的价格加运杂费计算。

(7)包装费

按以上的(1)~(6)项之和乘以一定的百分比计算。

(8)利润

按以上的(1)~(5)项加第(7)项之和乘以一定的利润率计算。

(9)税金。主要指增值税

$$增值税 = 当期销项税额 - 进项税额$$
$$当期销项税额 = 销售额 \times 适用增值税税率$$

(10)非标准设备设计费

按国家规定的设计费收费标准计算。

单台非标准设备原价 = {[(材料费 + 加工费 + 辅助材料费) × (1 + 专用工具费率) × (1 + 废品损失费率) + 外购配套件费] × (1 + 包装费率) − 外购配套件费} × (1 + 利润率) + 销项税金 + 非标准设备设计费 + 外购配套件费

(二)进口设备原价的构成及计算

进口设备原价是指进口设备的抵岸价，即抵达买方边境港口或边境车站，且交完关税等税费后形成的价格。进口设备抵岸价的构成与进口设备的交货方式有关。

1.进口设备的交货方式

进口设备的交货方式可分为内陆交货类、目的地交货类、装运港交货类。

(1)内陆交货类

即卖方在出口国内陆的某个地点交货。在交货地点，卖方及时提交合同规定的货物和有关凭证，并负担交货前的一切费用和风险；买方按时接受货物，交付货款，负担接货后的一切费用和风险，并自行办理出口手续和装运出口。货物的所有权也在交货后由卖方转移买方。

(2)目的地交货类

即卖方在进口国的港口或内地交货，有目的港船上交货价、目的港船边交货价(FOS)和目的港码头交货价(关税已付)及完税后交货价(进口国的指定地点)等几种交货价。它们的特点是：买卖双方承担的责任、费用和风险是以目的地约定交货点为分界线，只有当卖方在交货点将货物置于买方控制下才能交货，才能向买方收取货款。这种交易类别对卖方来说承担的风险较大，在国际贸易中卖方一般不愿采用。

(3)装运港交货类

即卖方在出口国装运港交货，主要有装运港船上交货价(FOB)、习惯称离岸价，运费在内价(COF)和运费、保险费在内价(CIF)，习惯称到岸价。它们的特点是：卖方按照约定的时间在装运港交货，只要卖方把合同规定的货物装船后提供货运单据便完成交货任务，可凭单据收回货款。

装运港船上交货价(FOB)是我国进口设备采用最多的货价。采用船上交货价时卖方的责任是:在规定的期限内,负责在合同规定的装运港口将货物装上指定的船只,并及时通知买方;负担货物装船前的一切费用和风险,负责办理出口手续;提供出口国政府或有关方面签发的证件;负责提供装运单据。买方的责任是:负责租船或订舱,交付运费,并将船期、船名通知卖方;负担货物装船后的一切费用和风险;负责办理保险及支付保险费,办理在目的港的进口和收货手续;接受卖方提供的有关装运单据,并按合同规定支付货款。

2.进口设备原价的计算

进口设备原价 = 货价 + 国际运费 + 运输保险费 + 银行财务费 + 外贸手续费 + 关税 + 增值税 + 消费税 + 海关监管手续费 + 车辆购置附加费

(三)设备运杂费的构成

设备运杂费通常由以下各项构成:

(1)国产标准设备由设备制造厂交货地点起至工地仓库(或施工组织设计指定的需要安装设备的堆放地点)止所发生的运费和装卸费。

进口设备则由我国到岸港口、边境车站起至工地仓库(或施工组织设计指定的需要安装设备的堆放地点)止所发生的运费和装卸费。

(2)在设备出厂价格中没有包含的设备包装和包装材料器具费;在设备出厂价或进口设备价格中如已包含此项费用,则不应重复计算。

(3)供销部门的手续费,按有关部门规定的统一费率计算。

(4)建设单位(或工程承包公司)的采购与仓库保管费,是指采购、验收、保管和收发设备所发生的各种费用,包括设备采购、保管和管理人员工资、工资附加费、办公费、差旅交通费、设备供应部门办公和仓库所占固定资产使用费、工具用具使用费、劳动保护费、检验试验费等。这些费用可按主管部门规定的采购保管费率计算。

设备运杂费 = 设备原价 × 设备运杂费率

其中,设备运杂费率按各部门及省、市等的规定计算。一般来说,沿海和交通便利的地区,设备运杂费率相对低一些,内地和交通不很便利的地区就要相对高一些,边远省份则要更高一些。对于非标准设备来讲,应尽量就近委托设备制造厂,以大幅度降低设备运杂费。进口设备由于原价较高,国内运距较短,因而运杂费比率应适当降低。

二、工、器具及生产家具购置费的构成

工、器具及生产家具购置费,是指新建或扩建项目初步设计规定,保证初期正常生产必须购置的没有达到固定资产标准的设备、仪器、工卡模具、器具、生产家具和备品备件等的购置费用。一般以设备购置费为计算基数,按照部门或行业规定的工具、器具及生产家具费率计算。计算公式为:

工、器具及生产家具购置费 = 设备购置费 × 定额费率

第三节　建筑安装工程费用构成

在工程建设中,建筑安装工作是创造价值的生产活动。建筑安装工程费用作为建筑安装

工程价值的货币表现，也被称为建筑安装工程造价。

根据住房城乡建设部、财政部关于印发《建筑安装工程费用项目组成》的通知［建标（2013）44号］，建筑安装工程费构成如下：

一、建筑安装工程费用项目组成（按费用构成要素划分）

建筑安装工程费按照费用构成要素划分，由人工费、材料（包含工程设备，下同）费、施工机具使用费、企业管理费、利润、规费和税金组成。其中人工费、材料费、施工机具使用费、企业管理费和利润包含在分部分项工程费、措施项目费、其他项目费中，如图7－2所示。

建筑安装工程费

人工费
1. 计时工资或计件工资
2. 奖金
3. 津贴、补贴
4. 加班加点工资
5. 特殊情况下支付的工资

材料费
1. 材料原价
2. 运杂费
3. 运输损耗费
4. 采购及保管费

施工机具使用费
1. 施工机械使用费
(1)折旧费
(2)大修理费
(3)经常修理费
(4)安拆费及场外运费
(5)人工费
(6)燃料动力费
(7)税费
2. 仪器仪表使用费

企业管理费
1. 管理人员工资
2. 办公费
3. 差旅交通费
4. 固定资产使用费
5. 工具用具使用费
6. 劳动保险和职工福利费
7. 劳动保护费
8. 检验试验费
9. 工会经费
10. 职工教育经费
11. 财产保险费
12. 财务费
13. 税金
14. 其他

利润

规费
1. 社会保险费
(1)养老保险费
(2)失业保险费
(3)医疗保险费
(4)生育保险费
(5)工伤保险费
2. 住房公积金
3. 工程排污费

税金
1. 销项税额
2. 城市维护建设税
3. 教育费附加
4. 地方教育附加

1. 分部分项工程费
2. 措施项目费
3. 其他项目费

图7－2 建筑安装工程费用项目组成（按费用构成要素划分）

(一) 人工费

人工费是指按工资总额构成规定，支付给从事建筑安装工程施工的生产工人和附属生产单位工人的各项费用。内容包括：

(1)计时工资或计件工资：是指按计时工资标准和工作时间或对已做工作按计件单价支付给个人的劳动报酬。

(2)奖金：是指对超额劳动和增收节支支付给个人的劳动报酬。如节约奖、劳动竞赛奖等。

(3)津贴补贴：是指为了补偿职工特殊或额外的劳动消耗和因其他特殊原因支付给个人的津贴，以及为了保证职工工资水平不受物价影响支付给个人的物价补贴。如流动施工津贴、特殊地区施工津贴、高温(寒)作业临时津贴、高空津贴等。

(4)加班加点工资：是指按规定支付的在法定节假日工作的加班工资和在法定日工作时间外延时工作的加点工资。

(5)特殊情况下支付的工资：是指根据国家法律、法规和政策规定，因病、工伤、产假、计划生育假、婚丧假、事假、探亲假、定期休假、停工学习、执行国家或社会义务等原因按计时工资标准或计时工资标准的一定比例支付的工资。

(二) 材料费

材料费是指施工过程中耗费的原材料、辅助材料、构配件、零件、半成品或成品、工程设备的费用。内容包括：

(1)材料原价：是指材料、工程设备的出厂价格或商家供应价格。

(2)运杂费：是指材料、工程设备自来源地运至工地仓库或指定堆放地点所发生的全部费用。

(3)运输损耗费：是指材料在运输装卸过程中不可避免的损耗。

(4)采购及保管费：是指为组织采购、供应和保管材料、工程设备的过程中所需要的各项费用。包括采购费、仓储费、工地保管费、仓储损耗。

工程设备是指构成或计划构成永久工程一部分的机电设备、金属结构设备、仪器装置及其他类似的设备和装置。

(三) 施工机具使用费

施工机具使用费是指施工作业所发生的施工机械、仪器仪表使用费或租赁费。

1. 施工机械使用费

以施工机械台班耗用量乘以施工机械台班单价表示，施工机械台班单价应由下列七项费用组成。

(1)折旧费：指施工机械在规定的使用年限内，陆续收回其原值的费用。

(2)大修理费：指施工机械按规定的大修理间隔台班进行必要的大修理，以恢复其正常功能所需的费用。

(3)经常修理费：指施工机械除大修理以外的各级保养和临时故障排除所需的费用。包括为保障机械正常运转所需替换设备与随机配备工具附具的摊销和维护费用，机械运转中日常保养所需润滑与擦拭的材料费用及机械停滞期间的维护和保养费用等。

(4)安拆费及场外运费：安拆费指施工机械(大型机械除外)在现场进行安装与拆卸所需

151

的人工、材料、机械和试运转费用以及机械辅助设施的折旧、搭设、拆除等费用；场外运费指施工机械整体或分体自停放地点运至施工现场或由一施工地点运至另一施工地点的运输、装卸、辅助材料及架线等费用。

（5）人工费：指机上司机（司炉）和其他操作人员的人工费。

（6）燃料动力费：指施工机械在运转作业中所消耗的各种燃料及水、电等。

（7）税费：指施工机械按照国家规定应缴纳的车船使用税、保险费及年检费等。

2. 仪器仪表使用费

是指工程施工所需使用的仪器仪表的摊销及维修费用。

（四）企业管理费

企业管理费是指建筑安装企业组织施工生产和经营管理所需的费用。内容包括：

（1）管理人员工资：是指按规定支付给管理人员的计时工资、奖金、津贴补贴、加班加点工资及特殊情况下支付的工资等。

（2）办公费：是指企业管理办公用的文具、纸张、账表、印刷、邮电、书报、办公软件、现场监控、会议、水电、烧水和集体取暖降温（包括现场临时宿舍取暖降温）等费用。

（3）差旅交通费：是指职工因公出差、调动工作的差旅费、住勤补助费，市内交通费和误餐补助费，职工探亲路费，劳动力招募费，职工退休、退职一次性路费，工伤人员就医路费，工地转移费以及管理部门使用的交通工具的油料、燃料等费用。

（4）固定资产使用费：是指管理和试验部门及附属生产单位使用的属于固定资产的房屋、设备、仪器等的折旧、大修、维修或租赁费。

（5）工具用具使用费：是指企业施工生产和管理使用的不属于固定资产的工具、器具、家具、交通工具和检验、试验、测绘、消防用具等的购置、维修和摊销费。

（6）劳动保险和职工福利费：是指由企业支付的职工退职金、按规定支付给离休干部的经费，集体福利费、夏季防暑降温、冬季取暖补贴、上下班交通补贴等。

（7）劳动保护费：是企业按规定发放的劳动保护用品的支出。如工作服、手套、防暑降温饮料以及在有碍身体健康的环境中施工的保健费用等。

（8）检验试验费：是指施工企业按照有关标准规定，对建筑以及材料、构件和建筑安装物进行一般鉴定、检查所发生的费用，包括自设试验室进行试验所耗用的材料等费用。不包括新结构、新材料的试验费，对构件做破坏性试验及其他特殊要求检验试验的费用和建设单位委托检测机构进行检测的费用，对此类检测发生的费用，由建设单位在工程建设其他费用中列支。但对施工企业提供的具有合格证明的材料进行检测不合格的，该检测费用由施工企业支付。

（9）工会经费：是指企业按《工会法》规定的全部职工工资总额比例计提的工会经费。

（10）职工教育经费：是指按职工工资总额的规定比例计提，企业为职工进行专业技术和职业技能培训，专业技术人员继续教育、职工职业技能鉴定、职业资格认定以及根据需要对职工进行各类文化教育所发生的费用。

（11）财产保险费：是指施工管理用财产、车辆等的保险费用。

（12）财务费：是指企业为施工生产筹集资金或提供预付款担保、履约担保、职工工资支付担保等所发生的各种费用。

（13）税金：是指企业按规定缴纳的房产税、车船使用税、土地使用税、印花税等。

（14）其他：包括技术转让费、技术开发费、投标费、业务招待费、绿化费、广告费、公证费、法律顾问费、审计费、咨询费、保险费等。

（五）利润

利润是指施工企业完成所承包工程获得的盈利。

（六）规费

规费是指按国家法律、法规规定，由省级政府和省级有关权力部门规定必须缴纳或计取的费用。包括：

1. 社会保险费

（1）养老保险费：是指企业按照规定标准为职工缴纳的基本养老保险费。

（2）失业保险费：是指企业按照规定标准为职工缴纳的失业保险费。

（3）医疗保险费：是指企业按照规定标准为职工缴纳的基本医疗保险费。

（4）生育保险费：是指企业按照规定标准为职工缴纳的生育保险费。

（5）工伤保险费：是指企业按照规定标准为职工缴纳的工伤保险费。

2. 住房公积金

住房公积金是指企业按规定标准为职工缴纳的住房公积金。

3. 工程排污费

工程排污费是指按规定缴纳的施工现场工程排污费。

其他应列而未列入的规费，按实际发生计取。

（七）税金

税金是指国家税法规定的应计入建筑安装工程造价内的销项税额、城市维护建设税、教育费附加以及地方教育附加。

二、建筑安装工程费用项目组成（按造价形成划分）

建筑安装工程费按照工程造价形成由分部分项工程费、措施项目费、其他项目费、规费、税金组成，分部分项工程费、措施项目费、其他项目费包含人工费、材料费、施工机具使用费、企业管理费和利润，如图7－3所示。

（一）分部分项工程费

分部分项工程费是指各专业工程的分部分项工程应予列支的各项费用。

1. 专业工程

专业工程指按现行国家计量规范划分的房屋建筑与装饰工程、仿古建筑工程、通用安装工程、市政工程、园林绿化工程、矿山工程、构筑物工程、城市轨道交通工程、爆破工程等各类工程。

2. 分部分项工程

分部分项工程指按现行国家计量规范对各专业工程划分的项目。如房屋建筑与装饰工程划分的土石方工程、地基处理与桩基工程、砌筑工程、钢筋及钢筋混凝土工程等。

各类专业工程的分部分项工程划分见现行国家或行业计量规范。

图7-3 建筑安装工程费用项目组成表(按造价形成划分)

(二)措施项目费

措施项目费是指为完成建设工程施工,发生于该工程施工前和施工过程中的技术、生活、安全、环境保护等方面的费用。内容包括:

1.安全文明施工费

(1)环境保护费:是指施工现场为达到环保部门要求所需要的各项费用。

(2)文明施工费:是指施工现场文明施工所需要的各项费用。

(3)安全施工费:是指施工现场安全施工所需要的各项费用。

(4)临时设施费:是指施工企业为进行建设工程施工所必须搭设的生活和生产用的临时建筑物、构筑物和其他临时设施费用。包括临时设施的搭设、维修、拆除、清理费或摊销费等。

2. 夜间施工增加费

夜间施工增加费指因夜间施工所发生的夜班补助费、夜间施工降效、夜间施工照明设备摊销及照明用电等费用。

3. 二次搬运费

二次搬运费指因施工场地条件限制而发生的材料、构配件、半成品等一次运输不能到达堆放地点，必须进行二次或多次搬运所发生的费用。

4. 冬雨季施工增加费

冬雨季施工增加费指在冬季或雨季施工需增加的临时设施、防滑、排除雨雪，人工及施工机械效率降低等费用。

5. 已完工程及设备保护费

已完工程及设备保护费指竣工验收前，对已完工程及设备采取的必要保护措施所发生的费用。

6. 工程定位复测费

工程定位复测费是指工程施工过程中进行全部施工测量放线和复测工作的费用。

7. 特殊地区施工增加费

特殊地区施工增加费是指工程在沙漠或其边缘地区、高海拔、高寒、原始森林等特殊地区施工增加的费用。

8. 大型机械设备进出场及安拆费

大型机械设备进出场及安拆费是指机械整体或分体自停放场地运至施工现场或由一个施工地点运至另一个施工地点，所发生的机械进出场运输、转移费用及机械在施工现场进行安装、拆卸所需的人工费、材料费、机械费、试运转费和安装所需的辅助设施的费用。

9. 脚手架工程费

脚手架工程费是指施工需要的各种脚手架搭、拆、运输费用以及脚手架购置费的摊销（或租赁）费用。

措施项目及其包含的内容详见各类专业工程的现行国家或行业计量规范。

（三）其他项目费

1. 暂列金额

暂列金额是指建设单位在工程量清单中暂定并包括在工程合同价款中的一笔款项。用于施工合同签订时尚未确定或者不可预见的所需材料、工程设备、服务的采购，施工中可能发生的工程变更、合同约定调整因素出现时的工程价款调整以及发生的索赔、现场签证确认等的费用。

2. 计日工

计日工是指在施工过程中，施工企业完成建设单位提出的施工图纸以外的零星项目或工作所需的费用。

3. 总承包服务费

总承包服务费是指总承包人为配合、协调建设单位进行的专业工程发包，对建设单位自行采购的材料、工程设备等进行保管以及施工现场管理、竣工资料汇总整理等服务所需的费用。

（四）规费

规费是指按国家法律、法规规定，由省级政府和省级有关权力部门规定必须缴纳或计取的费用。

（五）税金

税金是指国家税法规定的应计入建筑安装工程造价内的销项税额、城市维护建设税、教育费附加以及地方教育附加。

第四节　建筑安装工程费用计算

一、建筑安装工程各费用构成要素计算方法

（一）人工费

1. 公式1

$$人工费 = \sum（工日消耗量 \times 日工资单价）$$

$$\frac{日工资}{单价} = \frac{生产工人平均月工资（计时计件）+ 平均月（奖金 + 津贴补贴 + 特殊情况下支付的工资）}{年平均每月法定工作日}$$

注：公式1主要适用于施工企业投标报价时自主确定人工费，也是工程造价管理机构编制计价定额确定定额人工单价或发布人工成本信息的参考依据。

2. 公式2

$$人工费 = \sum（工程工日消耗量 \times 日工资单价）$$

日工资单价是指施工企业平均技术熟练程度的生产工人在每工作日（国家法定工作时间内）按规定从事施工作业应得的日工资总额。

工程造价管理机构确定日工资单价应通过市场调查，根据工程项目的技术要求，参考实物工程量人工单价综合分析确定，最低日工资单价不得低于工程所在地人力资源和社会保障部门所发布的最低工资标准的：普工1.3倍、一般技工2倍、高级技工3倍。

工程计价定额不可只列一个综合工日单价，应根据工程项目技术要求和工种差别适当划分多种日人工单价，确保各分部工程人工费的合理构成。

注：公式2适用于工程造价管理机构编制计价定额时确定定额人工费，是施工企业投标报价的参考依据。

（二）材料费

1. 材料费

$$材料费 = \sum（材料消耗量 \times 材料单价）$$

$$材料单价 =（材料原价 + 运杂费）\times（1 + 运输损耗率）\times（1 + 采购保管费率）$$

2. 工程设备费

$$工程设备费 = \sum（工程设备量 \times 工程设备单价）$$

$$工程设备单价 =（设备原价 + 运杂费）\times（1 + 采购保管费率）$$

(三)施工机具使用费

1. 施工机械使用费

$$施工机械使用费 = \sum (施工机械台班消耗量 \times 机械台班单价)$$

$$机械台班单价 = 台班折旧费 + 台班大修费 + 台班经常修理费 + 台班安拆费及场外运费$$
$$+ 台班人工费 + 台班燃料动力费 + 台班车船税费$$

注:工程造价管理机构在确定计价定额中的施工机械使用费时,应根据《建筑施工机械台班费用计算规则》结合市场调查编制施工机械台班单价。施工企业可以参考工程造价管理机构发布的台班单价,自主确定施工机械使用费的报价,如租赁施工机械,公式为:施工机械使用费 = $\sum$(施工机械台班消耗量 × 机械台班租赁单价)

2. 仪器仪表使用费

$$仪器仪表使用费 = 工程使用的仪器仪表摊销费 + 维修费$$

(四)企业管理费费率

1. 以分部分项工程费为计算基础

$$企业管理费费率(\%) = \frac{生产工人年平均管理费}{年有效施工天数 \times 人工单价} \times 人工费占分部分项工程费比例(\%)$$

2. 以人工费和机械费合计为计算基础

$$企业管理费费率(\%) = \frac{生产工人年平均管理费}{年有效施工天数 \times (人工单价 + 每一工日机械使用费)} \times 100\%$$

3. 以人工费为计算基础

$$企业管理费费率(\%) = \frac{生产工人年平均管理费}{年有效施工天数 \times 人工单价} \times 100\%$$

注:上述公式适用于施工企业投标报价时自主确定管理费,是工程造价管理机构编制计价定额确定企业管理费的参考依据。

工程造价管理机构在确定计价定额中企业管理费时,应以定额人工费(或定额人工费 + 定额机械费)作为计算基数,其费率根据历年工程造价积累的资料,辅以调查数据确定,列入分部分项工程和措施项目中。

(五)利润

1. 施工企业根据企业自身需求并结合建筑市场实际自主确定,列入报价中。

2. 工程造价管理机构在确定计价定额中利润时,应以定额人工费或(定额人工费 + 定额机械费)作为计算基数,其费率根据历年工程造价积累的资料,并结合建筑市场实际确定,以单位(单项)工程测算,利润在税前建筑安装工程费的比重可按不低于5%且不高于7%的费率计算。利润应列入分部分项工程和措施项目中。

(六)规费

1. 社会保险费和住房公积金

社会保险费和住房公积金应以定额人工费为计算基础,根据工程所在地省、自治区、直辖市或行业建设主管部门规定费率计算。

$$社会保险费和住房公积金 = \sum (工程定额人工费 \times 社会保险费和住房公积金费率)$$

式中:社会保险费和住房公积金费率可以每万元发承包价的生产工人人工费和管理人员工资

含量与工程所在地规定的缴纳标准综合分析取定。

2. 工程排污费

工程排污费等其他应列而未列入的规费应按工程所在地环境保护等部门规定的标准缴纳,按实计取列入。

(七)税金

1. 税金的组成

根据《财政部、国家税务总局关于全面推开营业税改征增值税试点的通知》(财税〔2016〕36 号)规定,2016 年 5 月 1 日起全面实行营业税改增值税。建设工程税金由销项税额、附加征收税费组成,附加征收税费包括城市维护建设税、教育费附加和地方教育附加。

2. 税金计算公式:税金 = 销项税额 + 附加征收税费

(1)销项税额 = 建安造价 × 11%

(2)附加征收税费计算见表 7 - 1。

表 7 - 1　附加征收税费表

项目名称	一般计税法		简易计税法	
	计费基础	费率(%)	计费基础	费率(%)
纳税地点在市区的企业	安造价 + 销项税额	0.36	应纳税额	12
纳税地点在县城镇的企业		0.3		20
纳税地点不在市区和县城镇的企业		0.18		6

二、建筑安装工程计价参考公式

(一)分部分项工程费

$$分部分项工程费 = \sum(分部分项工程量 × 综合单价)$$

式中:综合单价包括人工费、材料费、施工机具使用费、企业管理费和利润以及一定范围的风险费用(下同)。

(二)措施项目费

(1)国家计量规范规定应予计量的措施项目,其计算公式为:

$$措施项目费 = \sum(措施项目工程量 × 综合单价)$$

(2)国家计量规范规定不宜计量的措施项目,计算方法如下:

①安全文明施工费

$$安全文明施工费 = 计算基数 × 安全文明施工费费率(%)$$

计算基数应为定额基价(定额分部分项工程费 + 定额中可以计量的措施项目费)、定额人工费或定额人工费 + 定额机械费,其费率由工程造价管理机构根据各专业工程的特点综合确定。

②夜间施工增加费

$$夜间施工增加费 = 计算基数 × 夜间施工增加费费率(%)$$

③二次搬运费

$$二次搬运费 = 计算基数 \times 二次搬运费费率(\%)$$

④冬雨季施工增加费

$$冬雨季施工增加费 = 计算基数 \times 冬雨季施工增加费费率(\%)$$

⑤已完工程及设备保护费

$$已完工程及设备保护费 = 计算基数 \times 已完工程及设备保护费费率(\%)$$

上述②~⑤项措施项目的计费基数应为定额人工费或定额人工费+定额机械费,其费率由工程造价管理机构根据各专业工程特点和调查资料综合分析后确定。

(三)其他项目费

(1)暂列金额由建设单位根据工程特点,按有关计价规定估算,施工过程中由建设单位掌握使用、扣除合同价款调整后如有余额,归建设单位。

(2)计日工由建设单位和施工企业按施工过程中的签证计价。

(3)总承包服务费由建设单位在招标控制价中根据总包服务范围和有关计价规定编制,施工企业投标时自主报价,施工过程中按签约合同价执行。

(四)规费和税金

建设单位和施工企业均应按照省、自治区、直辖市或行业建设主管部门发布标准计算规费和税金,不得作为竞争性费用。

三、相关问题的说明

(1)各专业工程计价定额的编制及其计价程序,均按本通知实施。

(2)各专业工程计价定额的使用周期原则上为5年。

(3)工程造价管理机构在定额使用周期内,应及时发布人工、材料、机械台班价格信息,实行工程造价动态管理,如遇国家法律、法规、规章或相关政策变化以及建筑市场物价波动较大时,应适时调整定额人工费、定额机械费以及定额基价或规费费率,使建筑安装工程费能反映建筑市场实际。

(4)建设单位在编制招标控制价时,应按照各专业工程的计量规范和计价定额以及工程造价信息编制。

(5)施工企业在使用计价定额时除不可竞争费用外,其余仅作参考,由施工企业投标时自主报价。

四、附:湖南省建筑业增值税条件下计价规定技术解读

湖南省建设工程造价管理总站,2016年4月颁布。

(一)名词解释

1. 一般计税法

一般计税方法的应纳税额,是指当期销项税额抵扣当期进项税额后的余额。应纳税额计算公式:应纳税额=当期销项税额-当期进项税额。

当期销项税额小于当期进项税额不足抵扣时,其不足部分可以结转下期继续抵扣。

2. 简易计税法

简易计税方法的应纳税额,是指按照销售额和增值税征收率计算的增值税额,不得抵扣

进项税额。应纳税额计算公式：应纳税额＝销售额×征收率。

3. 销项税额

销项税额，是指纳税人发生应税行为按照销售额和增值税税率计算并收取的增值税额。销项税额计算公式：销项税额＝销售额×税率。

4. 进项税额

进项税额，是指纳税人购进货物、加工修理修配劳务、服务、无形资产或者不动产，支付或者负担的增值税额。

5. 附加税费

附加征收税费包括城市维护建设税、教育费附加和地方教育附加。

(二)湘建价〔2016〕72号文与湘建价〔2014〕113号文的关系

《湖南省住房和城乡建设厅关于印发<关于增值税条件下计费程序和计费标准的规定>及<关于增值税条件下材料价格发布与使用的规定>的通知》)(湘建价〔2016〕72号，以下简称"增值税条件下计价规定")与《湖南省住房和城乡建设厅关于印发<湖南省建设工程计价办法>及<湖南省建设工程消耗量标准>的通知》(湘建价〔2014〕113号文)是调整补充关系。增值税条件下计价规定对〔2014〕113号文的建设工程计费程序、计费标准、计价表格进行了修订和调整，应与湘建价〔2014〕113号文配合使用。

(三)增值税条件下费用标准表、工程计价表调整的主要内容

增值税条件下计价规定包含2个附件，其中附件1是《关于增值税条件下计费程序和计费标准的规定》，附件2是《关于增值税条件下材料价格发布与使用的规定》。

附件1《关于增值税条件下计费程序和计费标准的规定》以7张费用标准表、16张工程计价表体现。16张工程计价表中，包括6张单位工程造价表，即单位工程费用计算表、单位工程人材机与单价表、单位工程工程量与造价表，分属一般计税和简易计税两类各3张;6张清单项目分析表，即清单项目直接费用预算表、清单项目人材机用量与单价表、清单项目费用计算表，分属一般计税和简易计税两类各3张;还包括4张安装专业计算表，分属一般计税和简易计税两类各2张。湘建价〔2014〕113号文中与上述23张表相对应的建设工程费用标准、单位工程类、清单综合单价类表格废止，其余未调整的表继续使用。

(四)增值税条件下与营业税条件下计价方式的区别

1. 增值税条件下采用一般计税法计价，材料费、机械费单独除税，管理费、规费等综合除税，附加税费单独列项。而营业税条件下计价，材料费、机械费、管理费、规费等均未除税。

2. 增值税条件下采用简易计税法计价，材料费、机械费、管理费、规费等均未扣税，应纳税额按税前造价计算且附加税费单独列项，其他与营业税条件下计价方式一致。

(五)增值税条件下材料发布和除税方式

增值税条件下材料价格发布方式与营业税条件下材料价格发布方式一致，采取含税价格发布。

鉴于材料价格所包含的材料原价与运杂费的增值税率不一致，为简便计价，经分类测算，增值税条件下计价规定对适用增值税率3%、17%及其他税率的材料确定不同的除税综合税率，即适用增值税税率3%的自产自销材料的综合税率为3.8%，适用增值税税率17%

的材料的综合税率为 16.93% ，其他未列明分类的材料的综合税率为 6% 。如钢材的增值税税率 17% ，运杂费的增值税税率是 11% ，经测算，钢材综合税率统一为 16.93% 。

(六)建筑工程老项目计税方式的选择

建筑工程老项目是指：(1)《建筑工程施工许可证》注明的合同开工日期在 2016 年 4 月 30 日前的建筑工程项目;(2)未取得《建筑工程施工许可证》的，建筑工程承包合同注明的开工日期在 2016 年 4 月 30 日前的建筑工程项目。

建筑工程老项目可以选择适用简易计税方法计税。

(七)增值税条件下概算编制方法

增值税条件下编制概算时，建安费用按湘建价〔2016〕72 号文件附 M 新表5、新表6的单位工程概算费用计算程序计算。

工程其他费用未除税，如需计算销项税额，可按"销售额 = 含税销售额 ÷ (1 + 税率)"公式计算。

(八)计算范例

附表 1：以某公租房装饰工程为例，计算增值税条件下"简易计税法"的工程造价。

附表 2：以某公租房建筑工程为例，计算增值税条件下"一般计税法"的工程造价。

附表 1　单位工程费用计算表(简易计税法)

工程名称：装饰工程　　　　　　标段：其公租房　　　　　　用途：　　　　　　第1页共1页

序号	工程内容	计费基础说明	费率(%)	金额(元)	备注
1	直接费用	1.1 + 1.2 + 1.3		744390.14	
1.1	人工费			257073.01	
1.2	材料费			461555.66	
1.3	机械费			25761.47	
2	各项费用和利润	2.2 + 2.3 + 2.4 + 2.5 + 2.6 + 2.7		262998.80	
2.1	取费基础				
2.1.1	人工费			200316.63	
2.1.2	机械费				
2.2	管理费		26.81	53704.89	
2.3	利润		28.88	57851.44	
2.4	安全文明费		14.27	28585.18	
2.5	冬雨季施工增加费		0.16	1369.51	
2.6	规费	2.6.1 + 2.6.2 + 2.6.3 + 2.6.4 + 2.6.5		60743.88	
2.6.1	工程排污费		0.4	3543.60	
2.6.2	职工教育经费和工会经费		3.5	8997.56	
2.6.3	住房公积金		6	15424.38	
2.6.4	安全生产责任险		0.2	1771.80	
2.6.5	劳保基金		3.5	31006.54	

序号	工程内容	计费基础说明	费率(%)	金额(元)	备注
2.7	其他项目费				
3	税前造价	1+2		946645.05	
4	应纳税额	3×税率	3	28399.35	
5	附加税费	4×费率	12	3407.92	
6	暂列金额				
	工程造价	3+4+5+6		978452.33	

注：1. 采用简易计税法时，材料、机械台班单价均执行含税单价；

  2. 直接费用 = Σ工日数量×工日单价(市场价) + Σ材料用量×材料预算价格 + Σ机械台班用量×机械台班单价(市场价)。

附表2　单位工程费用计算表(一般计税法)

工程名称：建筑工程　　　　　　标段：其公租房　　　　用途：　　　　　第1页共1页

序号	工程内容	计费基础说明	费率(%)	金额(元)	备注
1	直接费用	1.1+1.2+1.3		1147248.36	
1.1	人工费			385664.34	
1.2	材料费			679126.91	
1.3	机械费			82457.11	
2	各项费用和利润	2.2+2.3+2.4+2.5+2.6+2.7		457152.08	
2.1	取费基础				
2.1.1	人工费			354985.60	
2.1.2	机械费			73996.34	
2.2	管理费		23.33	100081.49	
2.3	利润		25.42	109047.21	
2.4	安全文明费		13.18	56539.82	
2.5	冬雨季施工增加费		0.16	2170.20	
2.6	规费	2.6.1+2.6.2+2.6.3+2.6.4+2.6.5		94656.68	
2.6.1	工程排污费		0.4	5660.35	
2.6.2	职工教育经费和工会经费		3.5	13498.25	
2.6.3	住房公积金		6	23139.86	
2.6.4	安全生产责任险		0.2	2830.17	
2.6.5	劳保基金		3.5	49528.05	
2.7	其他项目费				
3	建安造价	1+2		1509743.76	

续附表2

序号	工程内容	计费基础说明	费率(%)	金额(元)	备注
4	销项税额	3 × 税率	11	166071.81	
5	附加税费	(3 + 4) × 费率	0.36	6032.94	
6	暂列金额				
	工程造价	3 + 4 + 5 + 6		1681848.51	

注：1. 采用一般计税法时，材料、机械台班单价均执行除税单价；

　　2. 直接费用 = Σ 工日数量 × 工日单价（市场价）+ Σ 材料用量 × 材料预算价格 + Σ 机械台班用量 × 机械台班单价（市场价）；

　　3. 建安造价（销售额）= 直接费用 + 各项费用和利润。

第五节　工程建设其他费用构成

工程建设其他费用是指从工程筹建期到工程竣工验收交付使用的整个建设期间，除了建筑安装工程费和设备、工器具购置费以外的，为保证工程建设顺利完成和交付使用后能够正常发挥效用而发生的各项费用开支的标准。工程建设其他费用定额包括土地使用费，与项目建设有关的其他费用和与未来生产经营有关的其他费用。

一、土地使用费

土地使用费是指通过划拨方式取得土地使用权而支付的土地征用及迁移补偿费，或者通过土地使用权出让的方式取得土地使用权而支付的土地使用权出让金。

1. 土地征用及迁移补偿费

土地征用及迁移补偿费，指建设项目通过划拨方式取得无限期的土地使用权，依照《中华人民共和国土地管理法》等规定所支付的费用。其综合一般不得超过被征土地年产值的30倍，土地年产值则按该土地被征用前三年的平均产量和国家规定的价格计算。其内容包括：

（1）土地补偿费。征用耕地（包括菜地）的补偿标准，按政府规定，为该耕地年产值的若干倍，具体补偿标准由省、自治区、直辖市人民政府在此范围内制定。征用园地、鱼塘、藕塘、苇塘、宅基地、林地、牧场、草原等的补偿标准，由省、自治区、直辖市人民政府制定。征收无收益的土地，不予补偿。

（2）青苗补偿费和被征用土地上的房屋、水井、树木等附着物补偿费。这些补偿费的标准由省、自治区、直辖市人民政府制定。征用城市郊区的菜地时，还应按照有关规定向国家缴纳新菜地开发建设基金。

（3）安置补助费。征用耕地、菜地的，每个农业人口的安置补助费为该地每亩年产值的4~6倍，每亩耕地的安置补助费最高不得超过其被征用前三年平均产值的15倍。

缴纳的耕地占用税或城镇土地使用税、土地登记费及征地管理费等。县市土地管理机关从征地费中提取土地管理费的比例，要按征地工作量大小，视不同情况，在1%~4%的幅度内提取。

（4）征地动迁费。包括征用土地上的房屋及附属构筑物、城市公共设施等拆除迁建补偿费、搬迁运输费，企业单位因搬迁造成的减产、停工损失补贴费，拆迁管理费等。

（5）水利水电工程水库淹没处理补偿费。包括农村移民安置迁建费，城市迁建补偿费，库区工矿企业、交通、电力、通信、广播、管网、水利等的恢复、迁建补偿费，库底清理费，防护工程费，环境影响补偿费用等。

2. 土地使用权出让金

土地使用权出让金，指建设项目通过土地使用权出让方式，取得有限期的土地使用权，依照《中华人民共和国城镇国有土地使用权出让和转让暂行条例》规定，支付土地使用权出让金。

（1）明确国家是城市土地的唯一所有者，并分层次、有偿、有期限地出让、转让城市土地。第一层次是城市政府将国有土地使用权出让给用地者，该层次由城市政府垄断经营。出让对象可以是有法人资格的企事业单位，也可以是外商。第二层次及以下以层次的转让则发生在使用者之间。

（2）城市土地的出让和转让可采用协议、招标、公开拍卖等方式。

二、与工程建设有关的其他费用

根据项目的不同，与项目建设有关的其他费用的构成也不尽相同。一般包括以下费用项目，在编制构成投资估算及概算中可根据实际情况进行计算。

1. 建设单位管理费

建设单位管理费是指建设项目从立项、筹建、建设、联合试运转、竣工验收、交付使用及后评估等全过程管理所需的费用。内容包括：

（1）建设单位开办费。指新建项目为保证筹建和建设工作正常进行所需的办公设备、生活家具、用具、交通工具等购置费用。

（2）建设单位经费。包括工作人员的基本工资、工资性补贴、职工福利费、劳动保护费、办公费、差旅交通费、工会经费、职工教育经费、固定资产使用费、工具用具使用费、技术图书资料费、生产人员招募费、工程招标费、合同契约公证费、工程质量监督检测费、工程咨询费、法律顾问费、审计费、业务招待费、排污费、竣工交付使用清理及竣工验收费、后评估等费用。不包括应计入设备、材料预算价格的建设单位采购及保管设备材料所需的费用。

2. 勘察设计费

勘察设计费是指为本建设项目提供项目建议书、可行性研究报告及设计文件等所需的费用。内容包括：

（1）编制项目建议书、可行性研究报告及投资估算、工程咨询、评价以及为编制上述文件所进行的勘察、设计、研究试验等所需费用。

（2）委托勘察、设计单位进行初步设计、施工图设计及概预算编制等所需费用。

（3）在规定范围内由建设单位自行完成的勘察、设计工作所需费用。

3. 研究试验费

研究试验费是指为建设项目提供和验证设计参数、数据、资料等所进行的必要的试验费用以及设计规定施工中必须进行试验、验证所需费用。包括自行或委托其他部门研究试验所需的人工费、材料费、实验设备及仪器使用费等。这项费用按照设计单位根据本工程项目的需要提出的研究试验内容和要求计算。

4. 建设单位临时设施费

建设单位临时设施费是指建设期间建设单位所需临时设施的搭设、维修、摊销费用或租赁费用。临时设施包括临时宿舍、文化福利及公用事业房屋与构筑物、仓库、办公室、加工厂以及规定范围内的道路、水、电、管线等临时设施和小型临时设施。

5. 工程监理费

工程监理费是指建设单位委托工程监理单位对工程实施监理工作所需的费用。

6. 工程保险费

工程保险费是指建设项目在建设期间根据需要，实施工程保险所需的费用。包括以各种建筑工程及其在施工过程中的物料、机器设备为保险标的的建筑工程一切险，以安装过程中的各种机械设备为保险标的的安装工程一切险，以及机器损坏保险等。

7. 引进技术和进口设备其他费用

引进技术及进口设备其他费用，包括出国人员费用、国外工程技术人员来华费用、技术引进费、分期或延期付款利息、担保费以及进口设备检验鉴定费。

8. 工程承包费

工程承包费是指具有总承包条件的工程公司，对工程建设项目从开始建设至竣工投产全过程的总承包所需的管理费用。具体内容包括组织勘察设计、设备材料采购、非标设备设计制造与销售、施工招标、发包、工程预决算、项目管理、施工质量监督、隐蔽工程检查、验收和试车直至竣工投产的各种管理费用。该费用按国家主管部门或省、自治区、直辖市规定的工程总承包费取费标准计算。

三、与未来生产经营有关的其他费用

1. 联合试运转费

联合试运转费是指新建企业或新增加生产工艺过程的扩建企业在竣工验收前，按照设计规定的工程质量标准，进行整个车间的负荷或无负荷联合试运转发生的费用支出大于试运转收入的亏损部分。费用包括内容：

(1)试运转所需的原料、燃料、油料和动力的费用，机械使用费用；

(2)试运转所需的低值易耗品及其他物品的购置费用；

(3)施工单位参加联合试运转人员的工资等。

2. 生产准备费

生产准备费是指新建企业或新增生产能力的企业，为保证竣工交付使用进行必要的生产准备发生的费用。包括内容：

(1)生产人员培训费，包括自行培训、委托其他单位培训的人员的工资、工资性补贴、职工福利费、差旅交通费、学习资料费、学习费、劳动保护费等。

(2)生产单位提前进厂参加施工、设备安装、调试等以及熟悉工艺流程及设备性能等人员的工资、工资性补贴、职工福利费、差旅交通费、劳动保护费等。

3. 办公和生活家具购置费

生产和生活家具购置费是指为保证新建、改建、扩建项目初期正常生产、使用和管理所必须购置的办公和生活家具、用具的费用。其范围包括办公室、会议室、资料档案室、阅览室、文娱室、食堂、浴室、理发室、单身宿舍和设计规定必须建设的托儿所、卫生所、招待所、中小学校等家具用具购置费。

第六节　预备费、固定资产投资方向调节税、
建设期货款利息和铺底流动资金

一、预备费

预备费也称为不可预见费，按我国现行规定，包括基本预备费和涨价预备费两部分。

1. 基本预备费

基本预备费是指在项目实施中可能发生的难以预料的支出，需要事先预留的费用，又称不可预见费，主要是指设计变更及施工过程中可能增加工程量的费用。内容包括：设计变更、地基局部处理等增加的费用，自然灾害造成的损失和预防灾害所采取的措施费用，竣工验收时为鉴定工程质量对隐蔽工程进行必要的挖掘和修复费用等。

基本预备费 = (设备及工、器具购置费 + 建筑安装工程费用 + 工程建设其他费)
　　　　　　× 基本预备费率

基本预备费率的取值一般为 $3\% \sim 10\%$。项目前期不确定因素较少以及缴纳工程保险费的建设项目，基本预备费率的取值可适当小一些。

2. 涨价预备费

涨价预备费指建设项目在建设期内由于价格变化引起工程费用增加的预留费用，又称为价格变动不可预见费。内容包括：人工、材料、设备、施工机械等价差，工程费用及其他费用调整，利率、汇率调整等增加的费用。

$$涨价预备费(PF) = \sum_{i=1}^{n} I_t \left[(1+f)^t - 1 \right]$$

式中：n——建设期年份；

　　　I_t——建设期中第 t 年的投资计划额，包括设备及工、器具购置费、建筑安装工程费、工程建设其他费用及基本预备费；

　　　f——年均投资价格上涨率。

二、固定资产投资方向调节税

固定资产投资方向调节税，是对在中华人民共和国境内进行固定资产投资的单位和个人，就其固定资产投资项目实际完成的投资额征收的一种税，目前已暂停征收。

三、建设期货款利息

一个建设项目需要投入大量的资金，自有资金的不足通常利用贷款来解决，但利用贷款必须支付利息。贷款期利息包括向国内银行和其他非银行金融机构贷款，出口信贷、外国政府贷款、国际商业银行贷款以及在境内外发行的债券等在贷款期内应偿还的贷款利息。建设期货款利息可按下式计算：

$$建设期贷款利息(q_j) = \left(P_{j-1} + \frac{1}{2} A_j \right) \times i$$

式中：P_{j-1}——建设期第 $(j-1)$ 年末贷款累计金额与利息累计金额之和；

　　　A_j——建设期第 j 年末贷款金额；

i——年利率。

四、铺底流动资金

铺底流动资金是指生产性建设项目为保证生产和经营正常进行,按规定应列入建设项目总投资的铺底流动资金。一般按流动资金的30%计算。

[思考练习题]

一、单选题

1.下列不属于土地使用费定额的是(　　)。

A.土地征用及迁移补偿费   B.土地使用权出让金

C.土地补偿费   D.土地购买费

2.下列费用中,目前已暂停征收的是(　　)。

A.固定资产投资方向调节税   B.铺底流动资金

C.营业税   D.城市维护建设税

3.建设项目在建设期内由于价格变化引起工程费用增加的预留费用称作(　　)。

A.准备金   B.铺底流动资金   C.涨价预备费   D.基本预备费

4.六个月以上病假员工工资属于(　　)。

A.间接费   B.规费   C.利润   D.税金

5.下列不属于措施费组成的是(　　)。

A.环境保护费   B.二次搬运费   C.规费   D.夜间施工费

二、多选题

1.预备费的组成包括(　　　　)。

A.基本预备费   B.浮动预备费   C.涨价预备费   D.增加预备费

2.间接费定额的计算基础包括(　　　　)。

A.直接费   B.人工费   C.人工费和机械费   D.人工费和材料费

三、问答题

1.建设工程费用如何构成?

2.建筑安装工程费用如何构成?

第八章 工期定额

【知识目标】

(1)了解工期定额的概念、作用和编制原则；

(2)了解确定工期定额的影响因素；

(3)了解工期定额的编制方法；

(4)了解现行《全国统一建筑安装工程工期定额》(2000版)基本结构和内容；

(5)掌握现行《全国统一建筑安装工程工期定额》(2000版)应用方法。

【技能目标】

能应用《全国统一建筑安装工程工期定额》(2000版)计算民用建筑工程的施工工期。

【素质目标】

(1)具有良好的职业道德和诚信品质；

(2)具有较强的敬业精神和责任意识；

(3)具有较好的团队协作能力；

(4)具有较好的吃苦耐劳、实干创新精神。

第一节 工期定额概述

一、工期定额的概念

工期定额是指在一定的经济和社会条件下，在一定时期内建设行政主管部门制定并发布的工程项目建设消耗的时间标准。工程质量、工程造价是工程项目管理的三大目标，而工程进度的控制就必须依据工期定额，它是具体指导工程建设项目工期的法律性文件。

工期定额是为各类工程项目规定的施工期限的定额天数，包括建设工期定额和施工工期定额两个层次。

(一)建设工期定额

建设工期定额一般指建设项目中构成固定资产的单项工程、单位工程从正式破土动工至按设计文件建成，能施工验收交付使用过程所需要的时间标准。

(二)施工工期定额

施工工期定额是指单项工程从基础破土动工(或自然地坪打基础桩)起完成建筑安装工程施工全部内容，并达到国家验收标准之日止的全过程所需的日历天数。工期定额以日历天数为计量单位，而不是有效工作天数，也不是法定工作天数。具体开始施工的日期：

(1)没有桩基础的工程以正式破土挖槽为准。

(2)有桩基础的工程，以自然地坪打正式桩为准。

以下情况不能算正式开工日期：①在单项工程正式开始施工以前的各项准备工作，如平整场地、地上地下障碍物的处理、定位放线等。②在自然地坪打试验桩、打护坡桩。

二、工期定额的作用

（1）工期定额是编制招标文件的依据

工期在招标文件中是主要内容之一，是业主对拟建工程时间上的期望值。而合理的工期是根据工期定额来确定的。

（2）工期定额是签订建筑安装工程施工合同、确定合理工期的基础

建设单位与施工安装单位双方在签订合同时可以是定额工期，也可以与定额工期不一致。因为确定工期的条件、施工方案不同都会影响工期。工期定额是按社会平均建设管理水平、施工装备水平和正常建设条件来制定的，它是确定合理工期的基础，合同工期一般围绕定额工期上下波动来确定。

（3）工期定额是施工企业编制施工组织设计，确定招标工期，安排施工进度的参考依据。

（4）工期定额是施工企业进行施工索赔的基础。

（5）工期定额是工程工期提前时，计算赶工措施费的基础。

三、工期定额的编制原则

（一）合理性与差异性原则

工期定额从有利于国家宏观调控、有利于市场竞争以及当前工程设计、施工和管理的实际出发，既要坚持定额水平的合理性，又要考虑各地区自然条件等差异对工期的影响。

（二）地区类别划分的原则

由于我国幅员辽阔，各地自然条件差别较大，同类工程在不同地区的实物工程量和所采用的建筑机械设备等存在差异，所需的施工工期也就不同。为此新定额按各省省会所在地近十年的平均气温和最低气温，将全国划分为Ⅰ、Ⅱ、Ⅲ类地区。

Ⅰ类地区：省会所在地近十年的平均气温15℃以上，最冷月份平均气温0℃以上，全年日平均气温等于（或小于）5℃的天数在90 d以内的地区。主要包括上海、江苏、浙江、安徽、福建、江西、湖北、湖南、广东、四川、云南、重庆、海南、广西、贵州。

Ⅱ类地区：省会所在地近十年的平均气温8℃～15℃，最冷月份平均气温−10℃～0℃之间，全年日平均气温等于（或小于）5℃的天数在90～150 d之间的地区。主要包括北京、天津、河北、河南、山西、山东、陕西、甘肃、宁夏。

Ⅲ类地区：省会所在地近十年的平均气温8℃以下，最冷月份平均气温−11℃以下，全年日平均气温等于（或小于）5℃的天数在150 d以上的地区。主要包括内蒙古、辽宁、吉林、黑龙江、西藏、青海、新疆。

（三）定额水平应遵循平均、先进、合理的原则

确定工期定额水平，应从正常的施工条件、多数施工企业装备程度、合理的施工组织、劳动组织和社会平均时间消耗水平的实际出发，又要考虑近年来设计、施工技术进步情况，确定合理工期。

（四）定额结构要做到简明适用

定额的编制要遵循社会主义市场经济原则，从有利于建立全国统一市场，有利于市场竞

争出发，简明适用，规范建筑安装工程工期的计算。

四、影响工期定额确定的主要因素

（一）时间因素

春、夏、秋、冬开工时间不同对施工工期有一定的影响，冬季开始施工的工程，有效工作天数相对较少，施工费用高，工期也较长。春、夏季开工的项目可赶在冬天到来之前完成主体，冬天则进行辅助工程和室内工程施工，可以缩短建设工期。

（二）空间因素

空间因素也就是地区不同的因素。如北方地区冬季较长，南方则较短，南方雨量较多，而北方雨量少些。一般将全国划分为Ⅰ、Ⅱ、Ⅲ类地区。

（三）施工对象因素

是指结构、层次、面积不同对工期的影响。在工程项目建设中，同一规模的建筑由于其结构形式不同，如采用钢结构、预制钢筋混凝土结构、现浇钢筋混凝土结构或砖混结构，其工期不同。

（四）施工方法因素

机械化、工厂化施工程度不同，也影响着工期的长短。机械化水平较高时，相应的工期会缩短。

（五）资金使用和物资供应方式的因素

一个建设项目批准后，其资金使用方式和物资供应方式是不同的，因而对工期也将产生不同的影响。政府投资建设的工程，由于资金提供的时间和数量的不同，而对建设工程带来不同的影响。资金提供及时，项目能顺利进行，否则就会影响工期。自筹资金项目在发生资金筹措困难时，或在资金提供拖延时，将直接延缓建设工期。

五、工期定额编制的方法

（一）网络法，也称关键线路法（CPM）

运用网络技术，建立网络模型，揭示建设项目在各种因素的影响下，建设过程中工程或工序之间相互连接、平行交叉的逻辑关系，通过优化确定合理的建设工期。

（二）评审技术法

对于不确定的因素较多、分项工程较复杂的工程项目，主要根据实际经验，结合工程实际，估计某一项目最大可能完成时间，最乐观、最悲观可能完成时间，用经验公式求出建设工期，通过评审技术法，可以将一个非确定性的问题，转化为一个确定性的问题，达到了取得一合理工期的目的。

（三）曲线回归法

通过对单项工程的调查整理、分析处理，找出一个或几个与工程密切相关的参数与工期，建立平面直角坐标系，再把调查来的数据经过处理后反映在坐标系内，运用数据回归的原理,求出所需要的数据,用以确定建设工期。

(四)专家评审法(德尔菲法)

给工期预测的专家发调查表,用书面方式联系。根据专家的数据,进行综合、整理后,再匿名反馈给各专家,请专家再提出工期预测意见。经多次反复与循环,使意见趋于一致,作为工期定额的依据。

第二节 建筑安装工期定额简介与应用

一、现行《全国统一建筑安装工程工期定额》(2000版)简介

(一)适用范围

本定额适用于民用与一般工业建筑的新建、扩建工程以及整体更新改造的装修工程。

(二)章节划分

本定额总共有六章,根据工程类别,定额又分为三大部分:第一部分——民用建筑工程,第二部分——工业及其他建筑工程,第三部分——专业工程。工期定额的章、节划分见表8 —1。

表8-1 工期定额章节划分

分 部	章 号	各章名称
第一部分 民用建筑工程	一	单项工程
	二	单位工程
第二部分 工业及其他建筑工程	三	工业建筑工程
	四	其他建筑工程
第三部分 专业工程	五	设备安装工程
	六	机械施工工程

(三)民用建筑工程工期定额基本结构和内容

民用建筑工程中,包括第一章单项工程和第二章单位工程。

1.民用建筑工程单项工程工期定额基本结构和内容

民用建筑工程单项工程包括 ±0.000 m 以下工程、±0.000 m 以上工程、影剧院和体育馆工程。±0.000 m 以下工程又分为无地下室工程、有地下室工程,±0.000 m 以上工程又分为住宅工程、宾馆、饭店工程、综合楼工程、办公、教学楼工程等。

2.民用建筑工程单位工程工期定额基本结构和内容

民用建筑工程单位工程包括 ±0.000 m 以下、±0.000 m 以上结构工程、装修工程。±0.000 m以下结构工程又分为无地下室工程、有地下室工程,±0.000 m 以上工程又分为砖混结构、内浇外砌结构、内浇外挂结构等。装修工程又分为宾馆、饭店工程、其他建筑工程。

宾馆、饭店工程又分为3星级、4星级、5星级，其他建筑工程又分为一般装修、中级装修、高级装修。

(四)工业及其他建筑工程工期定额基本结构和内容

工业及其他建筑工程中，包括第三章工业建筑工程和第四章其他建筑工程。

1. 工业建筑工程工期定额的基本内容

工业建筑工程工期定额的基本内容主要包括单层或多层厂房、降压站、冷冻机房、冷库、冷藏间、空压机房等工业建筑。工程工期指一个单项工程(土建、安装、装修等)的工期，其中土建包括基础和主体结构。

2. 其他建筑工程工期定额的基本内容

其他建筑工程工期定额的基本内容主要包括地下汽车库、汽车库、仓库、独立地下工程、服务用房、停车场、园林庭院和构筑物工程等。地下车库为独立的地下车库工程工期。

(五)专业工程基本内容

专业工程包括第五章设备安装工程和第六章机械施工工程。

1. 设备安装工程

该工程适用于民用建筑设备安装和一般工业厂房的设备安装工程，包括电梯、起重机、锅炉、供热交换设备、空调设备、通风空调、变电站、开关所、降压站、发电机房、肉联厂屠宰间、冷冻机房冷冻冷藏间、空压站、自动电话交换机及金属容器等安装工程。

本章工期从土建交付安装并具备连续施工条件起，至完成承担的全部设计内容，并达到国家建筑安装工程验收标准的全部日历天数。室外设备安装工程中的气密性试验、压力试验，如受气候影响，应事先征得建设单位同意后，工期可以顺延。

2. 机械施工工程

具体包括构件吊装、网架吊装、机械土方、机械打桩、钻孔灌注桩和人工挖孔桩等工程，而且是以各种不同施工机械综合考虑的，对使用的任何机械种类，均不做调整。构件吊装工程(网架除外)包括柱子、屋架、梁、板、天窗架、支撑、楼梯、阳台等构件的现场搬运、就位、拼装、吊装、焊接等。不包括钢筋张拉、孔道灌浆和开工前的准备工作。

二、民用建筑工程工期定额应用

(一)单项工程工期与单位工程工期的区别

1. 单项工程工期

单项工程工期是指由一个施工企业承担基础、结构、装修及安装等全部工程所需的工期。除单项工程本身以外，还包括室外管线累计长度在100 m以内，道路、停车场的面积在500 m² 以内的工期。

2. 单位工程工期

单位工程工期是指一个施工企业单独承包 ±0.000 m 以下工程、结构工程或装修工程所需的工期。

(二)民用建筑工程的内容

1. 单项工程

单项工程分为 ±0.000 m 以下工程和 ±0.000 m 以上工程。其中 ±0.000 m 以下工程又分为无地下室工程和有地下室工程。无地下室工程工期包括挖土、垫层、基础、回填等全部工作内容。有地下室工程工期包括基础、结构、装修、设备安装等全部工作内容。

2．单位工程

单位工程分为结构工程和装修工程。其中，结构工程又包括 ±0.000 m 以下工程、±0.000 m 以上工程，±0.000 m 以下工程分为无地下室工程和有地下室工程。无地下室工程工期包括挖土、垫层、基础、回填等全部工作内容。有地下室工程工期包括基础、结构、装修、安装的配管等全部工作内容。±0.000 m 以上工程工期包括结构、屋面及安装的配管等全部工作内容。装修工程包括内装修、外装修及相应的水电安装工作内容。

3．影剧院和体育馆工程

影剧院和体育馆工程包括挖土、基础、结构、装修、设备安装等全部工作内容。

（三）民用建筑工程工期的计算

民用建筑工程工期计算的一般方法：

1．±0.000 m 以下工程（分两种情况）

（1）无地下室工程：按首层建筑面积计算；

（2）有地下室工程：按地下室建筑面积总和计算。

对半地下工程，以半地下顶板上表面为界。半地下工程按 ±0.000 m 以下工程的规定计算工期。

2．±0.000 m 以上工程

按 ±0.000 m 以上部分建筑面积总和计算。

3．工程总工期

按 ±0.000 m 以下工程与 ±0.000 m 以上工程工期之和计算。

4．影剧院和体育馆工程

不分 ±0.000 m 以下工程与 ±0.000 m 以上工程，按整体建筑面积之和计算。

5．装修工程工期

不分 ±0.000 m 以下、±0.000 m 以上工程，按整体建筑面积之和计算。

6．单项工程 ±0.000 m 以下由两种或两种以上类型组成

按不同类型部分的面积查出相应工期，相加计算。

7．单项工程 ±0.000 m 以上结构相同、使用功能不同

无变形缝时，按使用功能占建筑面积比重大的计算工期；有变形缝时，先按不同使用功能的面积查出工期，再以其中一个最大工期为基数，另加其他部分工期的25%计算。

8．单项工程 ±0.000 m 以上由两种或两种以上结构组成

无变形缝时，先按全部面积查出不同结构的相应工期，再按不同结构各自的建筑面积加权平均计算；有变形缝时，先按不同结构各自的面积查出相应工期，再以其中一个最大的工期为基数，另加其他部分工期的25%计算。

9．单项工程 ±0.000 m 以上层数不同，有变形缝工程

先按不同层数各自的面积查出相应工期，再以其中一个最大的工期为基数，另加其他部分工期的25%计算。

10．单项工程 ±0.000 m 以上部分分成若干个独立部分工程

先按各自的面积和层数查出相应工期，再以其中一个最大工期为基数，另加其他部分工

期的 25% 计算,4 个以上独立部分不再另增加工期。如果 ±0.000 m 以上有整体部分,将并入到最大部分工期中计算。

在民用建筑工程工期计算中应注意以下几点:

(1)单项(位)工程中层高在 2.5 m 以内的技术层不计算建筑面积,但计算层数。

(2)出屋面的楼(电)梯间、水箱间不计算层数。

(3)单项(位)工程层数超出本定额时,工期可按定额中最高相邻层数的工期差值增加。

(4)一个承包方同时承包两个以上(含两个)单项(位)工程时,工期的计算以一个单项(位)工程的最大工期为基数,另加其他单项(位)工程工期总和乘相应系数计算:加 1 个乘 0.35 的系数,加 2 个乘 0.2 的系数,加 3 个乘 0.15 的系数,4 个以上的单项(位)工程不另增加工期。

(5)坑底打基础桩,另增加工期。

(6)开挖一层土方后,再打护坡桩的工程,护坡桩施工的工期承发包双方可按施工方案确定天数,但最多不超过 50 天。

(7)基础施工遇到障碍物或古墓、文物、流砂、溶洞、暗流、淤泥、石方、地下水等需要进行基础处理时,由承发包双方确定增加工期。

(8)单项工程的室外管线(不包括直埋管道)累计长度在 100 m 以上者,增加工期 10 天;道路及修车场的面积在 500 m² 以上、1000 m² 以下者增加工期 10 天;在 5000 m² 以内者增加工期 20 天;围墙工程不另增加工期。

(四)民用建筑工程工期定额应用案例

【例 8-1】 某建筑公司承包了一住宅工程,为现浇框架结构,±0.000 m 以上 18 层,局部 19 层为电梯机房,建筑面积 20000 m²;±0.000 m 以下 2 层地下室,建筑面积 980 m²。该工程地处 I 类地区,土壤类别为 Ⅲ 类土。地基处理采用 ϕ500,长 18 m 的预应力管桩 220 根。试计算该工程施工工期。

【解】 本住宅属于一般建筑,施工工期为 ±0.000 m 以下和 ±0.000 m 以上两部分工期之和。

(1)±0.000 m 以下工程工期

1)地下室工程

层数 2 层,建筑面积 980 m²,Ⅲ 类土,由此可查工期定额,见表 8-2。

表 8-2 有地下室工程

编 号	层 数	建筑面积(m²)	工期天数(d)	
			I、Ⅱ类土	Ⅲ、Ⅳ类土
1-10	1	500 以内	75	80
1-11	1	1000 以内	90	95
1-12	1	1000 以外	110	115
1-13	2	2000 以内	120	125
1-14	2	2000 以外	140	145

续表 8-2

编 号	层 数	建筑面积(m²)	工期天数(d)	
			Ⅰ、Ⅱ类土	Ⅲ、Ⅳ类土
1-15	2	3000 以内	165	170
1-16	2	3000 以外	190	195
1-17	3	3000 以外	195	205
1-18	3	5000 以内	220	230
1-19	3	7000 以内	250	260

从定额表可知,定额编号为 1-13,地下室工程 $T_1 = 125$ d。

2) 打桩工程

预应力管桩 $\phi500$,桩深 18 m,根数 220 根。由此可查工期定额,见表 8-3。

表 8-3 机械打桩工程

类型:预应力管桩

编 号	桩深(m)	工程量(根)	工期天数(d)			
			Ⅰ类土	Ⅱ类土	Ⅲ类土	Ⅳ类土
6-282		50 以内	8	9	10	14
6-283		100 以内	12	13	14	18
6-284		150 以内	17	18	19	23
6-285		200 以内	20	22	24	28
6-286		250 以内	25	27	29	33
6-287	18 m 以内	300 以内	30	32	34	39
6-288		350 以内	36	38	40	44
6-289		400 以内	39	41	45	50
6-290		450 以内	45	45	51	56
6-291		500 以内	51	54	57	62

从定额可知,定额编号为 6-286,打桩工程工期 $T_2 = 29$ d。

故 ±0.000 m 以下工程施工工期为 $T_{地下} = T_1 + T_2 = 125$ d + 29 d = 154 d。

(2) ±0.000 m 以上工程工期

±0.000 m 以上工程共 18 层,第 19 层为电梯房,按定额说明规定不计层数。现浇框架结构建筑面积 20000 m²,Ⅰ类地区,由此可查工期定额,见表 8-4。

表 8 - 4　住宅工程(一)

结构类型：现浇框架结构

编　号	层　数	建筑面积(m²)	工期天数(d)		
			Ⅰ类地区	Ⅱ类地区	Ⅲ类地区
1 – 171	16 层以下	10000 以内	450	470	505
1 – 172	16 层以下	15000 以内	475	495	535
1 – 173	16 层以下	20000 以内	500	520	560
1 – 174	16 层以下	25000 以内	520	545	585
1 – 175	16 层以下	25000 以外	550	575	615
1 – 176	18 层以下	15000 以内	505	530	575
1 – 177	18 层以下	20000 以内	530	555	600
1 – 178	18 层以下	25000 以内	555	580	625
1 – 179	18 层以下	30000 以内	580	610	655
1 – 180	18 层以下	30000 以外	610	640	690
1 – 181	20 层以下	15000 以内	540	565	610
1 – 182	20 层以下	20000 以内	560	590	635

　　从定额表中可知，定额编号 1 – 177，±0.000 m 以上工程施工工期 $T_3 = 530$ d。

　　综上所述，该住宅工程总工期：$T = T_1 + T_2 + T_3 = 125$ d $+ 29$ d $+ 530$ d $= 684$ d。

　　【例 8 – 2】　某综合楼工程 ±0.000 m 以下为 2 层地下室，建筑面积 10000 m²。±0.000 m 以上 1~2 层为整体部分现浇框架结构商场，建筑面积 10000 m²。3 层以上分成两个独立部分：分别为 14 层全现浇框架结构住宅，建筑面积 9000 m²；18 层现浇框架结构写字楼，建筑面积 15000 m²(该工程地处 Ⅰ 类地区，土壤类别为 Ⅲ 类土)。试计算该工程总工期。

　　【解】　根据定额规定：单项工程中 ±0.000 m 以上为整体，整体上又分成若干个独立部分时，先按各自独立部分的面积和层数查出相应工期，然后再以其中一个最大工期为基数，另加其他部分工期的 25% 计算。±0.000 m 以上整体部分的工期，结构类型相同，将其面积并入到最大部分工期中计算，结构类型不同，按各自的建筑面积加权平均计算。

　　(1)地下室工程

　　2 层建筑面积 10000 m²，查工期定额，从表 8 – 2 可知，定额编号 1 – 16，施工工期 $T_1 =$ 195 d。

　　(2)±0.000 m 以上工程

　　1)现浇框架结构住宅：14 + 2 = 16 层，9000 m²，查表 8 – 4 可知，定额编号 1 – 171，施工工期 $T_1 = 450$ d。

　　2)现浇框架结构写字楼 18 + 2 = 20 层，建筑面积 15000 m²，查工期定额，见表 8 – 5。

表 8－5 综合楼工程（三）

结构类型：现浇框架结构

编号	层数	建筑面积（m²）	工期天数（d）		
			Ⅰ类地区	Ⅱ类地区	Ⅲ类地区
1－747	16 层以下	10000 以内	495	515	555
1－748	16 层以下	15000 以内	520	540	580
1－749	16 层以下	20000 以内	545	565	615
1－750	16 层以下	25000 以内	575	595	645
1－751	16 层以下	25000 以外	595	625	675
1－752	18 层以下	15000 以内	560	585	635
1－753	18 层以下	20000 以内	580	610	660
1－754	18 层以下	25000 以内	610	640	690
1－755	18 层以下	30000 以内	645	675	735
1－756	18 层以下	30000 以外	680	710	770
1－757	20 层以下	15000 以内	600	630	680
1－758	20 层以下	20000 以内	625	655	715
1－759	20 层以下	25000 以内	655	685	745

从表中可知，定额编号 1－757，定额工期 $T_3 = 600$ d。

3）18 层现浇框架结构写字楼工期 600 d，大于 14 层框架结构住宅 450 d。商场与写字楼结构相同，将 ±0.000 m 以上 1～2 层整体部分的商场面积并入 18 层现浇框架结构写字楼 15000 m² 建筑面积中，共计建筑面积 25000 m²。现浇框架结构写字楼，查表 8－5，定额编号 1－759，施工工期 $T_4 = 655$ d。

（3）该工程总工期 $T = 195 + 655 + 450 \times 25\% = 963$（d）

［思考练习题］

一、单选题

1.工期定额是为各类工程项目规定的施工期限的定额天数，包括建设工期定额和（　　　）两个层次。

A.施工工期定额　　　B.工期定额　　　C.施工周期定额　　　D.主体施工工期定额

2.湖南、广东属于（　　　）类地区。

A.Ⅰ　　　　　B.Ⅱ　　　　　C.Ⅲ　　　　　D.Ⅳ

3.现行《全国统一建筑安装工程工期定额》（2000 版）分为（　　　）部分。

A.1　　　　　B.2　　　　　C.3　　　　　D.4

4.民用建筑工程工期计算时，±0.000 m 以下工程(无地下室工程)，其工期按(   )计算。

A.首层建筑面积　　　B.总建筑面积　　　　C.建筑物外形体积　　D.首层使用面积

5.单项工程从基础破土动工(或自然地坪打基础桩)起完成建筑安装工程施工全部内容，并达到国家验收标准之日止的全过程所需的日历天数，称为(   )。

A.建设工期定额　　　B.施工工期定额　　　C.工期定额　　　　　　D.施工定额

6.一个施工企业单独承包 ±0.000 m 以下工程、结构工程或装修工程所需的工期，称为(   )。

A.单项工程工期　　　B.单位工程工期　　　C.分部工程工期　　　D.分项工程工期

7.(   )按 ±0.000 m 以下工程与 ±0.000 m 以上工程工期之和计算。

A.工程总工期　　　　　　　　　　　B. ±0.000 m 以下工程工期

C. ±0.000 m 以下工程工期　　　　　D.基础工程工期

8.通过对单项工程的调查整理、分析处理，找出一个或几个与工程密切相关的参数与工期，建立平面直角坐标系，再把调查来的数据经过处理后反映在坐标系内，运用数据回归的原理，求出所需要的数据，用以确定建设工期。这种方法称为(   )。

A.网络法，也称关键线路法(CPM)　　　B.专家评审法(德尔菲法)

C.评审技术法　　　　　　　　　　　　D.线性回归法

9.(   )因素也就是地区不同的因素。如北方地区冬季较长，南方则较短，南方雨量较多，而北方雨量少些。一般将全国划分为Ⅰ、Ⅱ、Ⅲ类地区。

A.空间　　　　　　　B.时间　　　　　　　C.温度　　　　　　　D.湿度

10、春、夏、秋、冬开工时间不同对施工工期有一定的影响，冬季开始施工的工程，有效工作天数相对较少，施工费用高，工期也较长。春、夏季开工的项目可赶在冬天到来之前完成主体，冬天则进行辅助工程和室内工程施工，可以缩短建设工期。这种对工期影响的因素称为(   )因素。

A.空间　　　　　　　B.时间　　　　　　　C.温度　　　　　　　D.湿度

二、多选题

1.现行《全国统一建筑安装工程工期定额》(2000 版)分为(   )部分。

A.民用建筑工程　　　　　　　　　B.工业及其他建筑工程

C.专业工程　　　　　　　　　　　D.基础工程

2.影响工期定额确定的主要因素有(   )。

A.时间因素　　　B.空间因素　　　C.施工对象因素　　　D.施工方法因素

3.工期定额编制的方法有(   )。

A.网络法，也称关键线路法(CPM)　　　B.专家评审法(德尔菲法)

C.评审技术法　　　　　　　　　　　　D.头脑风暴法

4.以下地区属于Ⅲ类地区的有(   )。

A.宁夏　　　　　　　B.西藏　　　　　　　C.青海　　　　　　　D.新疆

5.根据现行《全国统一建筑安装工程工期定额》(2000 版)，在民用建筑工程工期计算中以下说法正确的是(   )。

（1）单项（位）工程中层高在 2.5 m 以内的技术层不计算建筑面积，但计算层数

（2）出屋面的楼（电）梯间、水箱间不计算层数

（3）单项（位）工程层数超出本定额时，工期可按定额中最高相邻层数的工期差值增加

（4）坑底打基础桩，不增加工期

[技能训练题]

1. 某住宅工程为全现浇框架结构，±0.000 m 以上 20 层，建筑面积 20000 m²，±0.000 m 以下 2 层，建筑面积 2000 m²，打桩工程采用 Φ600 预应力管桩，桩长 18 m，桩数 300 根。试计算该住宅工程总工期。

2. 某综合楼工程，±0.000 m 以下为 2 层地下室，建筑面积 24000 m²。±0.000 m 以上 1～2 层为现浇框架结构商场，建筑面积 15000 m²，3 层以上分为两个独立部分：分别为 16 层全现浇框架结构写字楼，建筑面积 9800 m²；20 层全现浇框架结构住宅，建筑面积 20000 m²（该工程地处 Ⅱ 类地区，土壤类别为 Ⅲ 类土）。试计算该工程总工期。

第九章 建筑面积

【知识目标】

(1)了解建筑面积的概念、组成和作用；

(2)掌握建筑面积的计算规则。

【技能目标】

能够正确计算建筑物的建筑面积。

【素质目标】

(1)具有良好的职业道德和诚信品质；

(2)具有较强的敬业精神和责任意识；

(3)具有较好的团队协作能力；

(4)具有较好的吃苦耐劳、实干创新精神。

第一节 建筑面积的概念和作用

一、建筑面积的概念

建筑面积是指建筑物(包括墙体)所形成的楼地面面积,包括附属于建筑物的室外阳台、雨篷、檐廊、室外走廊、室外楼梯等。

建筑面积包括使用面积、辅助面积和结构面积三部分。

(一)使用面积

使用面积是指建筑物各层平面中直接为生产或生活使用的净面积之和。例如,住宅建筑中的居室、客厅、书房等。

(二)辅助面积

辅助面积是指建筑物各层平面中为辅助生产或辅助生活所占的净面积之和。例如,住宅建筑中的楼梯、走道、卫生间、厨房等。使用面积和辅助面积称为有效面积。

(三)结构面积

结构面积是指建筑各层平面中的墙、柱等结构所占的面积之和。

二、建筑面积的作用

(一)重要管理指标

建筑面积是建设投资可行性研究、建筑项目勘察设计、建设项目评估、建设项目招标投标、建筑工程施工和竣工验收、建设工程造价管理、建筑工程造价控制等一系列管理工作中用到的重要指标。

（二）重要技术指标

建筑面积是计算开工面积、竣工面积、优良工程率、建筑装饰规模等重要的技术指标。

（三）重要经济指标

建筑面积是计算建筑、装饰等单位工程或单项工程的单位面积工程造价、人工消耗、台班消耗、工程量消耗的重要经济指标。

（四）重要计算依据

建筑面积是计算有关工程量的重要依据。例如，装饰用满堂脚手架工程量等。

综上所述，建筑面积是重要的技术经济指标，在全面控制建筑、装饰工程造价和建设过程中起着重要的作用。

第二节　建筑面积的计算规则

一、建筑面积计算规则

中华人民共和国住房和城乡建设部于2013年7月正式实施的《建筑工程建筑面积计算规范》（GB/T 50353—2013），对建筑面积的计算规则做了统一规定。主要规定了以下两方面的内容：

（1）计算建筑面积的范围和规定；

（2）不计算建筑面积的范围和规定。

二、应计算建筑面积的范围

（1）建筑物的建筑面积应按自然层外墙结构外围水平面积之和计算。结构层高在2.20 m及以上的，应计算全面积；结构层高在2.20 m以下的，应计算1/2面积。

1）结构层高：楼面或地面结构层上表面至上部结构层上表面之间的垂直距离。

2）建筑面积计算，在主体结构内形成的建筑空间，满足计算面积结构层高要求的均应按本条规定计算建筑面积。主体结构外的室外阳台、雨篷、檐廊、室外走廊、室外楼梯等按相应条款计算建筑面积。当外墙结构本身在一个层高范围内不等厚时，以楼地面结构标高处的外围水平面积计算。

（2）建筑物内设有局部楼层时，对于局

图 9 - 1　建筑物内的局部楼层
1—围护设施；2—围护结构；3—局部楼层

部楼层的二层及以上楼层，有围护结构的应按其围护结构外围水平面积计算，无围护结构的应按其结构底板水平面积计算，且结构层高在2.20 m及以上的，应计算全面积，结构层高在2.20 m以下的，应计算1/2面积。如图9 - 1所示。

1）围护结构：围合建筑空间的墙体、门、窗。

2）围护设施：为保障安全而设置的栏杆、栏板等围挡。

【例题9-1】 已知某单层房屋平面图和剖面图（如图9-2），计算该房屋的建筑面积。

图9-2 建筑施工图

【解】 首层建筑面积 = (27 + 0.24) × (15 + 0.24) = 415.14 m²

局部楼层面积 = (12 + 0.24) × (15 + 0.24) × 3/2 = 279.81（m²）

该房屋建筑面积 = 415.14 + 279.81 = 694.95（m²）

（3）对于形成建筑空间的坡屋顶，结构净高在2.10 m及以上的部位应计算全面积；结构净高在1.20 m及以上至2.10 m以下的部位应计算1/2面积；结构净高在1.20 m以下的部位不应计算建筑面积。

（4）对于场馆看台下的建筑空间，结构净高在2.10 m及以上的部位应计算全面积；结构净高在1.20 m及以上至2.10 m以下的部位应计算1/2面积；结构净高在1.20 m以下的部位不应计算建筑面积。室内单独设置的有围护设施的悬挑看台，应按看台结构底板水平投影面积计算建筑面积。有顶盖无围护结构的场馆看台应按其顶盖水平投影面积的1/2计算面积。

1）结构净高：是指楼面或地面结构层上表面至上部结构层下表面之间的垂直距离。

2）场馆看台下的建筑空间因其上部结构多为斜板，所以采用净高的尺寸划定建筑面积的计算范围和对应规则。室内单独设置的有围护设施的悬挑看台，因其看台上部设有顶盖且可供人使用，所以按看台板的结构底板水平投影计算建筑面积。"有顶盖无围护结构的场馆看台"所称的"场馆"为专业术语，指各种"场"类建筑，如：体育场、足球场、网球场、带看台的风雨操场等。

（5）地下室、半地下室应按其结构外围水平面积计算。结构层高在2.20 m及以上的，应计算全面积；结构层高在2.20 m以下的，应计算1/2面积。

1）地下室：室内地平面低于室外地平面的高度超过室内净高的1/2的房间。

2）半地下室：室内地平面低于室外地平面的高度超过室内净高的1/3，且不超过1/2的房间。

（6）出入口外墙外侧坡道有顶盖的部位，应按其外墙结构外围水平面积的1/2计算面积。

出入口坡道分有顶盖出入口坡道和无顶盖出入口坡道，出入口坡道顶盖的挑出长度，为顶盖结构外边线至外墙结构外边线的长度；顶盖以设计图纸为准，对后增加及建设单位自行增加的顶盖等，不计算建筑面积。顶盖不分材料种类（如钢筋混凝土顶盖、彩钢板顶盖、阳光板顶盖等）。地下室出入口见图9－3。

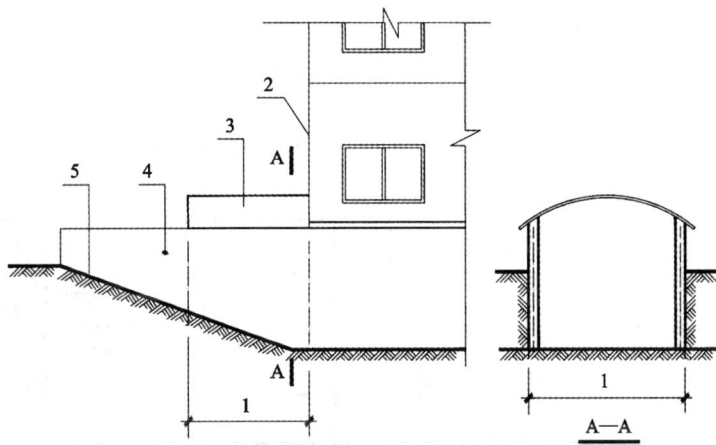

图9－3　地下室出入口

1—计算1/2投影面积部位；2—主体建筑；3—出入口顶盖；4—封闭出入口侧墙；5—出入口坡道

（7）建筑物架空层及坡地建筑物吊脚架空层，应按其顶板水平投影计算建筑面积。结构层高在2.20 m及以上的，应计算全面积；结构层高在2.20 m以下的，应计算1/2面积。

1）架空层：仅有结构支撑而无外围护结构的开敞空间层。

2）本条既适用于建筑物吊脚架空层、深基础架空层建筑面积的计算，也适用于目前部分住宅、学校教学楼等工程在底层架空或在二楼或以上某个甚至多个楼层架空，作为公共活动、停车、绿化等空间的建筑面积的计算。架空层中有围护结构的建筑空间按相关规定计算。建筑物吊脚架空层见图9－4。

图9－4　建筑物吊脚架空层

1—柱；2—墙；3—吊脚架空层；4—计算建筑面积部位

(8)建筑物的门厅、大厅应按一层计算建筑面积，门厅、大厅内设置的走廊应按走廊结构底板水平投影面积计算建筑面积。结构层高在2.20 m及以上的，应计算全面积；结构层高在2.20 m以下的，应计算1/2面积。

(9)对于建筑物间的架空走廊，有顶盖和围护设施的，应按其围护结构外围水平面积计算全面积；无围护结构、有围护设施的，应按其结构底板水平投影面积计算1/2面积。

1)架空走廊：专门设置在建筑物的二层或二层以上，作为不同建筑物之间水平交通的空间。

2)无围护结构的架空走廊见图9-5，有围护结构的架空走廊见图9-6。

图9-5 无围护结构的架空走廊
1—栏杆；2—架空走廊

图9-6 有围护结构的架空走廊
1—架空走廊

(10)对于立体书库、立体仓库、立体车库，有围护结构的，应按其围护结构外围水平面积计算建筑面积；无围护结构、有围护设施的，应按其结构底板水平投影面积计算建筑面积。无结构层的应按一层计算，有结构层的应按其结构层面积分别计算。结构层高在2.20 m及以上的，应计算全面积；结构层高在2.20 m以下的，应计算1/2面积。

1)结构层：整体结构体系中承重的楼板层。

2)起局部分隔、存储等作用的书架层、货架层或可升降的立体钢结构停车层均不属于结构层，该部分分层不计算建筑面积。

(11)有围护结构的舞台灯光控制室，应按其围护结构外围水平面积计算。结构层高在2.20 m及以上的，应计算全面积；结构层高在2.20 m以下的，应计算1/2面积。

(12)附属在建筑物外墙的落地橱窗,应按其围护结构外围水平面积计算。结构层高在 2.20 m 及以上的,应计算全面积;结构层高在 2.20 m 以下的,应计算 1/2 面积。

落地橱窗:突出外墙面且根基落地的橱窗。

(13)窗台与室内楼地面高差在 0.45 m 以下且结构净高在 2.10 m 及以上的凸(飘)窗,应按其围护结构外围水平面积计算 1/2 面积。

凸(飘)窗:凸出建筑物外墙面的窗户。

(14)有围护设施的室外走廊(挑廊),应按其结构底板水平投影面积计算 1/2 面积;有围护设施(或柱)的檐廊,应按其围护设施(或柱)外围水平面积计算 1/2 面积。如图 9 - 7。

1)挑廊:挑出建筑物外墙的水平交通空间。

2)檐廊:建筑物挑檐下的水平交通空间。

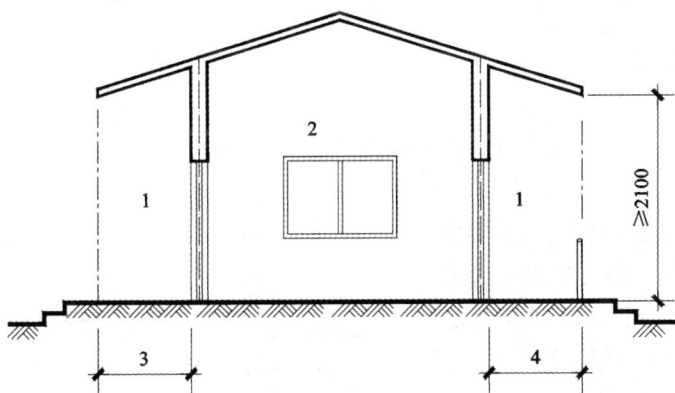

图 9 - 7 檐廊

1—檐廊;2—室内;3—不计算建筑面积部位;4—计算 1/2 建筑面积部位

(15)门斗应按其围护结构外围水平面积计算建筑面积,且结构层高在 2.20 m 及以上的,应计算全面积;结构层高在 2.20 m 以下的,应计算 1/2 面积。

门斗:建筑物入口处两道门之间的空间。

(16)门廊应按其顶板的水平投影面积的 1/2 计算建筑面积;有柱雨篷应按其结构板水平投影面积的 1/2 计算建筑面积;无柱雨篷的结构外边线至外墙结构外边线的宽度在 2.10 m 及以上的,应按雨篷结构板的水平投影面积的 1/2 计算建筑面积。

1)门廊:建筑物入口前有顶棚的半围合空间。

2)雨篷分为有柱雨篷和无柱雨篷。有柱雨篷,没有出挑宽度的限制,也不受跨越层数的限制,均计算建筑面积。无柱雨篷,其结构板不能跨层,并受出挑宽度的限制,设计出挑宽度大于或等于 2.10 m 时才计算建筑面积。出挑宽度,系指雨篷结构外边线至外墙结构外边线的宽度,弧形或异形时,取最大宽度。

(17)设在建筑物顶部的、有围护结构的楼梯间、水箱间、电梯机房等,结构层高在 2.20 m 及以上的应计算全面积;结构层高在 2.20 m 以下的,应计算 1/2 面积。

(18)围护结构不垂直于水平面的楼层,应按其底板面的外墙外围水平面积计算。结构净高在 2.10 m 及以上的部位,应计算全面积;结构净高在 1.20 m 及以上至 2.10 m 以下的部位,应计算 1/2 面积;结构净高在 1.20 m 以下的部位,不应计算建筑面积。

设有围护结构不垂直于水平面而超出底板外沿的建筑物是指向建筑物外倾斜的墙体[如图 9-8(a)]。若遇有向建筑内倾斜的墙体[如图 9-8(b)],应视为坡屋面,应按坡屋顶的有关规定计算建筑面积。

图 9-8　围护结构不垂直于水平面的建筑物

(19)建筑物的室内楼梯、电梯井、提物井、管道井、通风排气竖井、烟道,应并入建筑物的自然层计算建筑面积。有顶盖的采光井应按一层计算面积,且结构净高在 2.10 m 及以上的,应计算全面积;结构净高在 2.10 m 以下的,应计算 1/2 面积。如图 9-9 所示。

(20)室外楼梯应并入所依附建筑物自然层,并应按其水平投影面积的 1/2 计算建筑面积。

图 9-9　地下室采光井

室外楼梯作为连接该建筑物层与层之间交通不可缺少的基本部件,无论从其功能、还是工程计价的要求来说,均需计算建筑面积。层数为室外楼梯所依附的楼层数,即梯段部分投影到建筑物范围的层数。利用室外楼梯下部的建筑空间不得重复计算建筑面积;利用地势砌筑的为室外踏步,不计算建筑面积。如图 9-10 所示。

(21)在主体结构内的阳台,应按其结构外围水平面积计算全面积;在主体结构外的阳台,应按其结构底板水平投影面积计算 1/2 面积。

1)阳台:附设于建筑物外墙,设有栏杆或栏板,可供人活动的室外空间。

2)建筑物的阳台,不论其形式如何,均以建筑物主体结构为界分别计算建筑面积。

(22)有顶盖无围护结构的车棚、货棚、站台、加油站、收费站等,应按其顶盖水平投影面积的 1/2 计算建筑面积。

(23)以幕墙作为围护结构的建筑物,应按幕墙外边线计算建筑面积。

(24)建筑物的外墙外保温层,应按其保温材料的水平截面积计算,并计入自然层建筑面积。

图 9 – 10 室外楼梯

建筑物外墙外侧有保温隔热层的，保温隔热层以保温材料的净厚度乘以外墙结构外边线长度按建筑物的自然层计算建筑面积，其外墙外边线长度不扣除门窗和建筑物外已计算建筑面积构件（如阳台、室外走廊、门斗、落地橱窗等部件）所占长度。当建筑物外已计算建筑面积的构件（如阳台、室外走廊、门斗、落地橱窗等部件）有保温隔热层时，其保温隔热层也不再计算建筑面积。外墙是斜面者按楼面楼板处的外墙外边线长度乘以保温材料的净厚度计算。外墙外保温以沿高度方向满铺为准，某层外墙外保温铺设高度未达到全部高度时（不包括阳台、室外走廊、门斗、落地橱窗、雨篷、飘窗等），不计算建筑面积。保温隔热层的建筑面积是以保温隔热材料的厚度来计算的，不包含抹灰层、防潮层、保护层（墙）的厚度。

（25）与室内相通的变形缝，应按其自然层合并在建筑物建筑面积内计算。对于高低联跨的建筑物，当高低跨内部连通时，其变形缝应计算在低跨面积内。见图 9 – 11。

图 9 – 11 高低联跨建筑

1）变形缝，是指防止建筑物在某些因素作用下引起开裂甚至破坏而预留的构造缝。

2）与室内相通的变形缝，是指暴露在建筑物内，在建筑物内可以看得见的变形缝。

（26）对于建筑物内的设备层、管道层、避难层等有结构层的楼层，结构层高在2.20 m及以上的，应计算全面积；结构层高在2.20 m以下的，应计算1/2面积。

设备层、管道层虽然其具体功能与普通楼层不同，但在结构上及施工消耗上并无本质区别，且本规范定义自然层为"按楼地面结构分层的楼层"，因此设备、管道楼层归为自然层，其计算规则与普通楼层相同。在吊顶空间内设置管道的，则吊顶空间部分不能被视为设备层、管道层。

三、不计算建筑面积的范围

（1）与建筑物内不相连通的建筑部件；

（2）骑楼、过街楼底层的开放公共空间和建筑物通道；

1）骑楼：建筑底层沿街面后退且留出公共人行空间的建筑物。如图9-12。

2）过街楼：跨越道路上空并与两边建筑相连接的建筑物。如图9-13。

图9-12 骑楼示意图

1—骑楼；2—人行道；3—街道

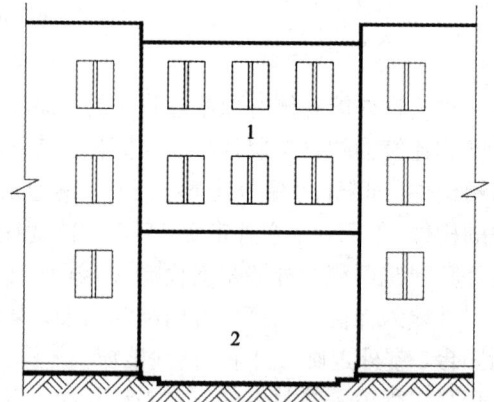

图9-13 过街楼示意图

1—过街楼；2—建筑物通道

（3）舞台及后台悬挂幕布和布景的天桥、挑台等；

（4）露台、露天游泳池、花架、屋顶的水箱及装饰性结构构件；

（5）建筑物内的操作平台、上料平台、安装箱和罐体的平台；

（6）勒脚、附墙柱、垛、台阶、墙面抹灰、装饰面、镶贴块料面层、装饰性幕墙，主体结构外的空调室外机搁板（箱）、构件、配件、挑出宽度在2.10 m以下的无柱雨篷和顶盖高度达到或超过两个楼层的无柱雨篷；

（7）窗台与室内地面高差在0.45 m以下且结构净高在2.10 m以下的凸（飘）窗，窗台与室内地面高差在0.45 m及以上的凸（飘）窗；

（8）室外爬梯、室外专用消防钢楼梯；

（9）无围护结构的观光电梯；

（10）建筑物以外的地下人防通道，独立的烟囱、烟道、地沟、油（水）罐、气柜、水塔、贮油（水）池、贮仓、栈桥等构筑物。

188

[思考练习题]

一、单选题

1. 下列项目应计算建筑面积是(　　)。

A. 地下室的采光井　B. 室外台阶　　　　C. 建筑物内变形缝　D. 建筑物的通道

2. 下列不计算建筑面积的是(　　)。

A. 屋顶有围护结构的水箱间　　　　　　B. 凸出墙外的腰线

C. 室外有永久性顶盖的楼梯　　　　　　D. 建筑物内变形缝

3. 根据《建筑工程建筑面积计算规范》,不应计算建筑面积的是(　　)。

A. 建筑物外墙外侧保温隔热层　　　　　B. 建筑物内的变形缝

C. 无永久性顶盖的架空走廊　　　　　　D. 有围护结构的屋顶水箱间

4. 按照《建筑工程建筑面积计算规范》的规定,地下室.半地下室按(　　)计算建筑面积。

A. 其上口外墙外围水平面积和采光井面积　B. 其上口净空面积

C. 其下口净空面积　　　　　　　　　　D. 其上口外墙外围水平面积

5. 根据《建筑工程建筑面积计算规范》,多层建筑物坡屋顶内和场馆看台下,建筑面积的计算,正确的是(　　)。

A. 设计不利用的净高超过 2.10 m 的部位计算全面积

B. 设计加以利用,净高 2.0 m 部位计算 1/2 面积

C. 设计不利用净高在 1.20~2.10 m 的部位计算 1/2 面积

D. 层高在 2.20 m 及以上者计算建筑面积

6. 建筑面积不包括(　　)。

A. 使用面积　　　　B. 辅助面积　　　　C. 结构面积　　　　D. 公共面积

7. 下列项目应计算建筑面积的是(　　)。

A. 台阶　　　　　　　　　　　　　　　B. 建筑物内的设备管夹层

C. 飘窗　　　　　　　　　　　　　　　D. 有顶盖的车棚

8. 雨篷到墙结构外边线的宽度≤2.10 m 者(　　)。

A. 应按雨篷板的水平投影面积计算

B. 根据雨篷构造形式计算

C. 应按雨篷结构板的水平投影面积 1/2 计算

D. 不计算

9. 建筑物的门厅.大厅 6 m 净高,按(　　)计算建筑面积。

A. 实际层　　　　B. 自然层　　　　　C. 多层　　　　　D. 一层

10. 没有围护结构直径 2.2 m、高 2 m 的屋顶圆形水箱,其建筑面积为(　　);

A. 无法计算　　　　B. 3.80 m^2　　　　C. 1.90 m^2　　　　D. 8.40 m^2

二、多项选择题

1. 按照建筑面积计算规范,以下说明正确的是(　　　　)。

A. 建筑物顶部有围护结构的楼梯间，层高不足 2.20 m 的不计算建筑面积

B. 建筑物外有永久性顶盖的无围护结构走廊，层高超过 2.20 m 的全计算

C. 建筑物大厅内层高不足 2.20 m 的回廊按其结构底板的水平面积的 1/2 计算

D. 建筑物内的变形缝按其自然层合并在建筑面积内计算

2. 以下说法正确的是（   ）。

A. 单层建筑物高度在 2.20 m 及以上者应计算全面积

B. 单层建筑物高度在 2.10 m 及以上者应计算全面积

C. 单层建筑物高度不足 2.20 m 者应计算 1/2 面积

D. 单层建筑物利用坡屋顶内空间时层高超过 2.10 m 的部位应计算全面积

E. 单层建筑物利用坡屋顶内空间时净高超过 2.10 m 的部位应计算全面积

3. 按照《建筑工程建筑面积计算规范》的规定，下列各项中，按一半计算建筑面积的有（   ）。

A. 建筑物内的提物井

B. 建筑物顶部有围护结构层高不足 2.20 m 的楼梯间

C. 无围护结构的屋顶凉棚

D. 有永久性顶盖的室外楼梯

4. 按照《建筑工程建筑面积计算规范》的规定，不应计算建筑面积的有（   ）。

A. 建筑物通道（骑楼、过街楼的底层）   B. 建筑物内分隔的单层房间

C. 附墙柱、垛；   D. 空调室外机搁板。

5. 建筑面积应计算 1/2 面积的（   ）。

A. 门厅、大厅内的回廊   B. 建筑物的门厅、大厅

2. 半地下车库层高不足 2.20 m   D. 立体车库层高在 2.20 m 及以上者

E. 建筑物间有的架空走廊有永久性顶盖无围护结构的应按其结构底板水平面积

[技能训练题]

1. 某拟建工程，地面以上共 12 层，有一层地下室，层高 4.5 m，并把深基础加以利用做地下架空层，架空层层高 2. m。

1）第三层为设备管道层，层高为 2.2 m；

2）底层勒脚以上外围水平投影面积为 600 m²，2 ~12 层外围水平投影面积均为 600 m²；

3）大楼入口处有一台阶，水平投影面积为 10 m²，上面设有矩形雨篷，两个圆形柱支撑，其顶盖悬挑出外墙面 2.1 m 水平投影面积为 16 m²，柱外围水平投影面积为 12 m²；

4）屋面上部设有楼梯间及电梯机房层高为 2.2 m，其围护结构面积为 40 m²；

5）底层设有中央大厅，跨二层楼高，大厅面积为 200 m²；

6）地下室上口外墙外围水平面积为 600 m²，如加上采光井、防潮层及保护墙，则外围水平面积为 650 m²，地下架空层外围水平面积为 600 m²；

7）室外设有二座自行车棚，其一为单排柱，其顶盖水平投影面积为 100 m²，另一为双排柱，其顶盖水平投影面积为 120 m²，柱外围水平面积为 80 m²。

计算该工程的建筑面积是多少？

2. 如图 9 –15 所示，某多层住宅变形缝宽度为 0.20 m，阳台水平投影尺寸为 1.80 m ×
3.60 m（共 18 个），雨篷水平投影尺寸为 2.60 m ×4.00 m，坡屋面阁楼室内净高最高点为
3.65 m，坡屋面坡度为 1:2；平屋面女儿墙顶面标高为 11.60 m。请按《建筑工程建筑面积计
算规范》（GB/T50353 –2013）计算该多层住宅的建筑面积。

建筑立面图

建筑平面图

图 9 –15　某多层住宅施工图

3.已知某工程三层平面图如图 9-16 所示,所有地面(包括门洞)的构造层次由下至上依次为:120 mm 厚钢筋混凝土楼板,20 mm 厚 1:3 水泥砂浆找平层,规格为 600 mm×600 mm×10 mm 银灰色地面砖面层,所有墙厚均为 240 mm,轴线居中,M4 宽 2.1 m,M5 宽 0.9 m,M6 宽 3 m。试计算该层的建筑面积。

图 9-16 三层平面图

附录　综合实训

一、实训目的

1. 了解《××省建筑装饰工程消耗量标准》的内容；

2. 掌握《××省建筑装饰工程消耗量标准》的应用方法；

3. 掌握工、料、机的计算方法；

4. 提高学生的学习能力；

5. 培养学生的团队协作能力。

二、实训内容

根据提供的某工程的工程量表一、二、三，利用《××省建筑装饰工程消耗量标准》计算该工程的人工、材料、机械台班消耗量；再根据本地区公布的人工、材料、机械台班信息价，计算该工程的工程量表一、二、三对应的建筑工程、装饰工程的人工费、材料费、机械台班使用费。

三、实训要求

1. 全班分为三个小组，分别按工程量表一、二、三的内容计算，见附表1~附表3；

2. 在 Excel 软件电子表格中分别新建综合工日、材料、机械台班三个工作表，如附图1所示。利用 Excel 软件电子表格自动计算功能计算人工消耗量合计、材料消耗量合计、机械台班消耗量合计；

3. 实训完成后，每个学生均应提交人工、材料、机械台班消耗量表(附表4~附表9)，并装订成册，封面上写明班级名称、姓名、学号。

四、实训考核

1. 实训纪律：20%；

2. 实训态度：10%；

3. 实训结果：70%。

五、实训时间

理论课结束后，共1周时间。

宋体　　　　　　12　　**B** *I* U　　　　　　％，

G2　　fx　=E2*F2

	A	B	C	D	E	F	G
1	序号	项目名称	项目编码	计量单位	定额工日	工程量	合计工日
2	1						0
3	2						
4	3						
5							
6							
7							
8							
9							
10							
11							
12							
13							
14							
15							
16							
17							
18							
19							
20							
21							
22							
23							
24							
25							
26							
27							
28							
29							
30							
31							
32							
33							

M ◀ ▶ M\综合工日/材料/机械台班/

附图 1　人工、材料、机械台班消耗量计算电子表

附表 1　工程量表一

专业一：建筑工程

序号	分项工程名称及特征	计量单位	工程量
1	人工挖沟槽、四类土	100 m^3	25
2	人工挖基坑、三类土	100 m^3	12
3	挖掘机挖土、自卸汽车运土、斗容量 1 m^3，运距 1km 以内，三类土	1000 m^3	20
4	走管式柴油打桩机打桩，桩长在 15 m 以内，一级土	10 m^3	50
5	砖基础	10 m^3	100
6	混水砖墙、1 砖	10 m^3	20

续表

专业一：建筑工程

序号	分项工程名称及特征	计量单位	工程量
7	混凝土垫层出	10 m³	20
8	螺纹钢、直径 12 mm	t	100
9	现浇混凝土、独立基础	10 m³	30
10	预制混凝土过梁	10 m³	20
11	3 类预制混凝土运输、运距 3km 以内	10 m³	10

专业二：装饰工程

序号	分项工程名称及特征	计量单位	工程量
1	找平层、水泥砂浆、混凝土基层上	100 m²	10
2	陶瓷地面砖、楼地面、每块面积在 2500 cm² 以内	100 m²	20
3	一般抹灰、水泥砂浆抹墙面、基层为砖墙	100 m²	30
4	抹灰天棚、混凝土天棚、石灰砂浆、现浇	100 m²	10
5	普通木门、镶板门、带纱窗、带亮子	100 m²	20
6	铝合金门制作、双扇地弹门、无侧亮、无上亮	100 m²	10

附表 2　工程量表二

专业一：建筑工程

序号	分项工程名称及特征	计量单位	工程量
1	人工挖沟槽、三类土	100 m³	25
2	人工挖基坑、二类土	100 m³	12
3	挖掘机挖土、自卸汽车运土、斗容量 1 m³，运距 1km 以内，二类土	1000 m³	20
4	走管式柴油打桩机打桩、桩长在 15 m 以内、一级土	10 m³	50
5	砖基础	10 m³	15
6	混水砖墙、1 砖	10 m³	20
7	混凝土垫层	10 m³	20
8	螺纹钢、直径 20 mm	t	100
9	现浇混凝土、独立基础	10 m³	30
10	预制混凝土过梁	10 m³	20
11	3 类预制混凝土运输、运距 3km 以内	10 m³	10

续表

序号	分项工程名称及特征	计量单位	工程量
1	找平层、水泥砂浆、在填充材料上	100 m²	15
2	陶瓷地面砖、楼地面、每块面积在 2500cm² 以内	100 m²	20
3	一般抹灰、水泥砂浆抹墙面、基层为混凝土墙	100 m²	20
4	抹灰天棚、混凝土天棚、石灰砂浆、现浇	100 m²	10
5	普通木门、镶板门、带纱窗、带亮子	100 m²	20
6	铝合金门制作、双扇地弹门、无侧亮、带上亮	100 m²	10

附表3 工程量表三

专业一: 建筑工程

序号	分项工程名称及特征	计量单位	工程量
1	人工挖沟槽、三类土	100 m³	25
2	人工挖基坑、二类土	100 m³	15
3	挖掘机挖土、自卸汽车运土、斗容量 1 m³，运距 1km 以内、二类土	1000 m³	20
4	走管式柴油打桩机打桩，桩长在 15 m 以内、二级土	10 m³	50
5	砖基础	10 m³	25
6	混水砖墙、1 砖	10 m³	20
7	混凝土垫层	10 m³	20
8	螺纹钢、直径 25 mm	t	100
9	现浇混凝土、带形基础	10 m³	30
10	预制混凝土过梁	10 m³	20
11	3 类预制混凝土运输、运距 3km 以内	10 m³	10

专业二: 装饰工程

序号	分项工程名称及特征	计量单位	工程量
1	找平层、水泥砂浆、在填充材料上	100 m²	15
2	陶瓷地面砖、楼地面、每块面积在 2500 cm² 以内	100 m²	20
3	一般抹灰、水泥砂浆抹墙面、基层为混凝土墙	100 m²	20
4	抹灰天棚、混凝土天棚、石灰砂浆、预制	100 m²	10
5	普通木门、镶板门、带纱窗、不带亮子	100 m²	20
6	铝合金门制作、双扇地弹门、无侧亮、带上亮	100 m²	10

六、应提交的消耗量表样表

(一)建筑工程

附表4 人工消耗量表

序号	项目名称	项目编码	计量单位	定额工日	工程量	合计工日

附表5 材料消耗量表

序号	项目名称	项目编码	计量单位	定额材料用量	工程量	合计材料用量

附表6 机械台班消耗量表

序号	项目名称	项目编码	计量单位	定额机械用量	工程量	合计机械用量

(二)装饰工程

附表7 人工消耗量表

序号	项目名称	项目编码	计量单位	定额工日	工程量	合计工日

附表8 材料消耗量表

序号	项目名称	项目编码	计量单位	定额材料用量	工程量	合计材料用量

附表9 机械台班消耗量表

序号	项目名称	项目编码	计量单位	定额机械用量	工程量	合计机械用量

参考文献

[1] 陈贤清. 工程建设定额原理与实务. 北京：北京理工大学出版社，2009

[2] 张根凤. 建筑工程预算与工程量清单计价. 重庆：重庆大学出版社，2010

[3] 闫瑾. 建筑工程计量与计价. 北京：机械工业出版社，2008

[4] 尹贻林，严玲. 工程造价概论. 北京：人民交通出版社，2009

[5] 肖飞剑，万小华. 建筑工程计量与计价. 北京：中国建材工业出版社，2012

[6] 建设工程劳动定额（LD/T 72.1 ~11 – 2008），中华人民共和国劳动和劳动安全行业标准

[7] 建设工程劳动定额（LD/T 73.1 ~4 – 2008），中华人民共和国劳动和劳动安全行业标准

[8] 建标（2013）44 号，中华人民共和国住房和城乡建设部、财政部

[9] 建筑工程建筑面积计算规范（GB/50353 – 2013），中华人民共和国住房和城乡建设部、财政部

[10] 全国统一建筑工程基础定额（GJD – 101 – 95），中华人民共和国建设部标准定额司